化石が語る生命の歴史

11の化石 生命誕生を語る ［古生代］

ドナルド・R・プロセロ［著］
江口あとか［訳］

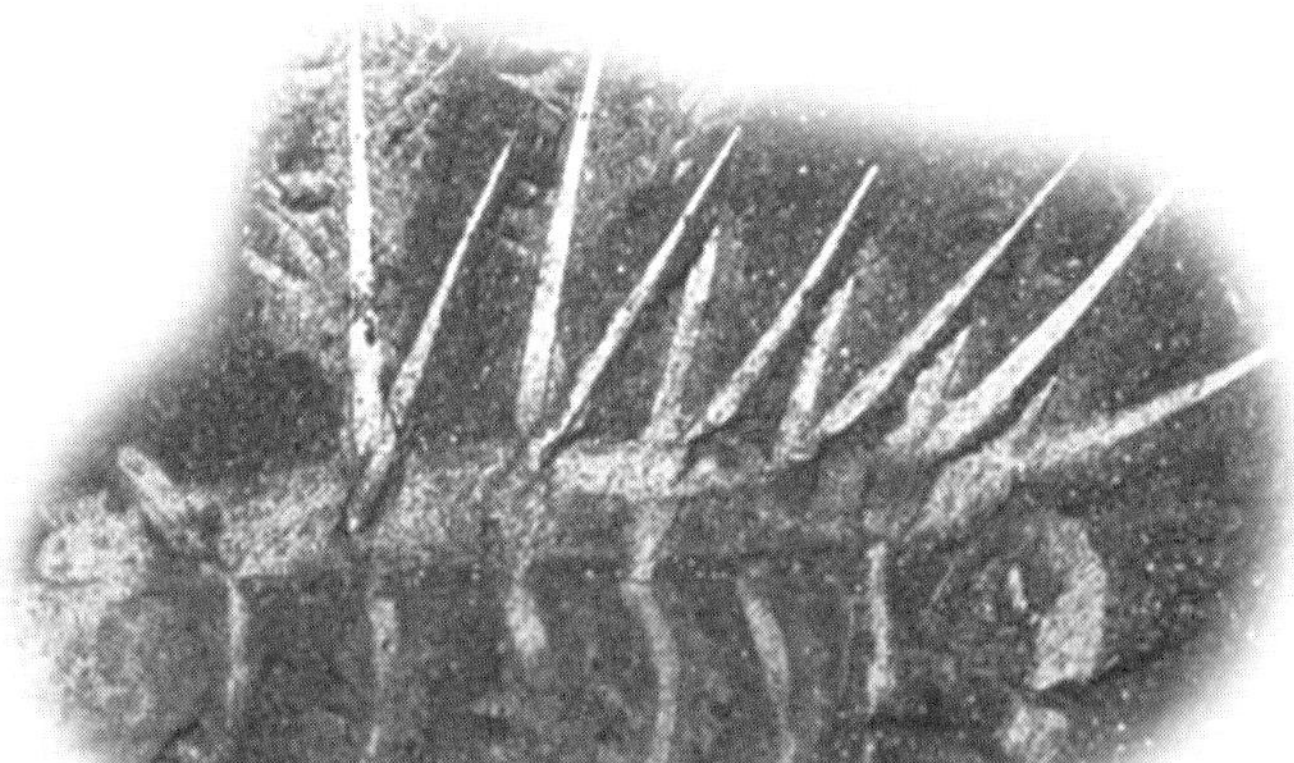

築地書館

本書は、“*The Story of Life in 25 Fossils*”を3分冊したうちの、chapter1～11にあたります。

目次

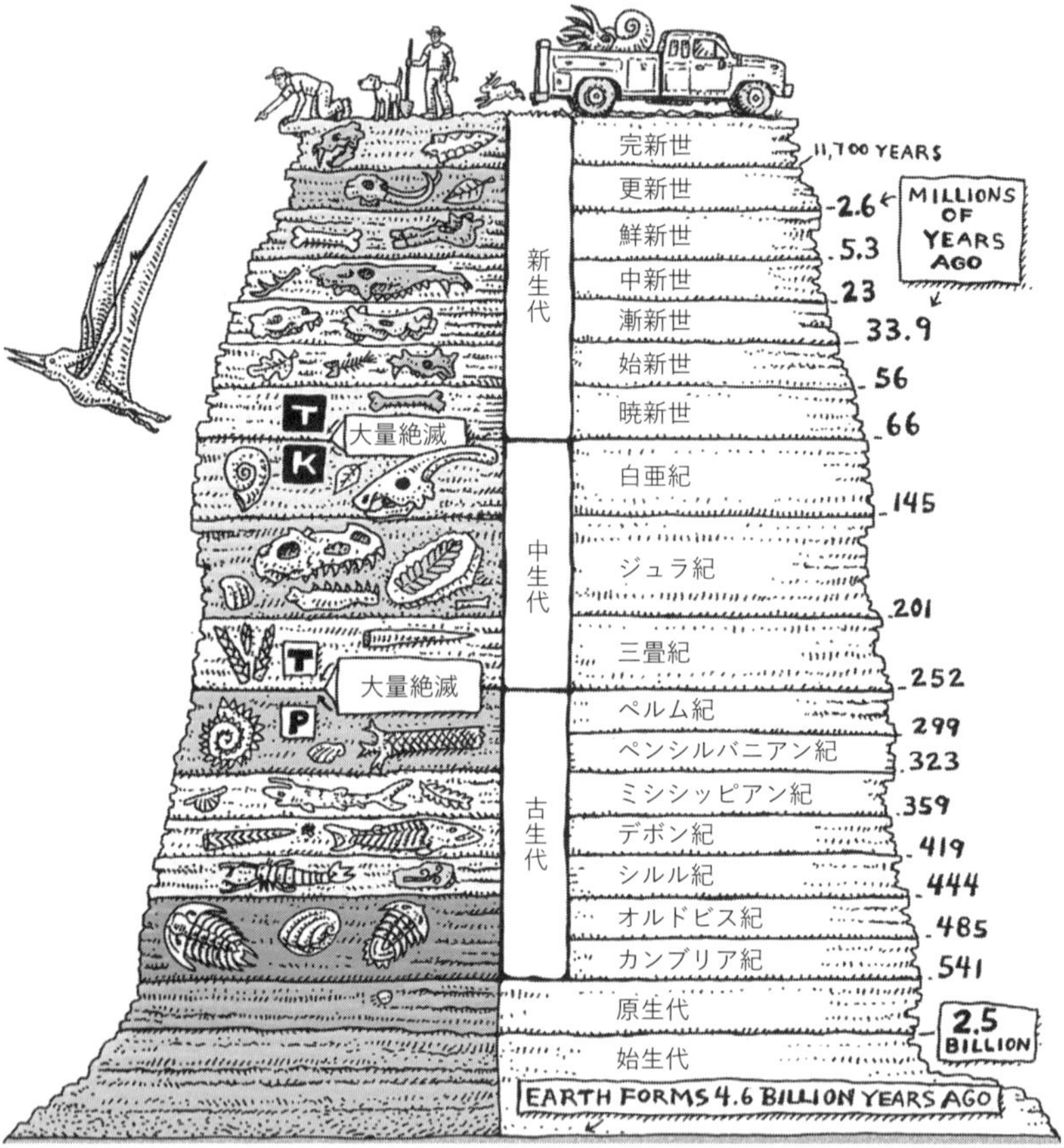

＊P–T境界（ペルム紀と三畳紀の境目）には地球史上最大の大量絶滅が起こり、すべての生物種の90％以上が絶滅したと考えられている。このとき、三葉虫も姿を消した。

＊K–T境界（白亜紀と新生代の境目）に起こった大量絶滅では、すべての生物種の約70％が絶滅したと考えられている。このとき、現生鳥類につながる種をのぞいた恐竜やアンモナイトなどが姿を消した。

第1章　最初の化石・クリプトゾーン

ねばねばした膜の惑星

もし［進化］説が本当なら、下部カンブリア系の地層が堆積する以前に長い時間が経過していたことに議論の余地はなく……世界に生物があふれていたのは明白だ。［しかし］なぜそうした最古の時代に属する化石を豊富に含む地層が見つからないのかという問題に対して……わたしは納得のいく答えを持っていない。

――『種の起源』チャールズ・ダーウィン

ダーウィンのジレンマ

一八五九年にチャールズ・ダーウィンが『種の起源』を出版したとき、ダーウィンの主張の弱点は化石記録にあった。本書で取り上げるすべての化石を含め、当時は移行過程を示す満足のいく中間型の化石はほとんど知られていなかった。申し分のない移行化石が発見されるのはまだ先のことで、一八六〇年に見つかったアーケオプテリクスが最初だった(『8つの化石・進化の謎を解く』第7章)。さらに問題なのは、カンブリア紀(約五億四〇〇〇万年前から始まる地質時代[巻頭地質年代層序表参照])と呼ばれる古生代の最初期以前にさかのぼる化石が存在しないことだった。

もちろん、十九世紀中ごろに知られていた化石記録は完全ではなく、化石の順序が詳しく記述されるようになってからたった六〇年しかたっていなかった。しかしながらダーウィンは、単純な動物から三葉虫やカンブリア紀のほかの生物への移行を示す化石が、最初期の三葉虫が見つかる地層の下にある、わずかな「先カンブリア時代」の地層の中に含まれていないことを不可解に感じていた。この点について、本書のこの章の題辞にあるように、彼ははっきりと述べている。

彼はこの不可解な化石の欠如は「不完全な地質柱状図」によるものであり、また、そもそもほとんどの生物が化石になる可能性は低いからだと考えていた。おおむねそれは正しい。それから一〇〇年間、ダーウィンにこの問題をつきつけられた科学者たちは、三葉虫よりも古い化石探しに必死で取り組んだ。

先カンブリア時代にさかのぼる化石探しの問題点がどこにあるのか、多くの地質学者はすでに知っていた。先カンブリア時代の岩石はあまりにも古く、そのほとんどが地中深くに埋まっていて、とう

▼図 1.1　かつての地球の浅い潮だまりの復元図 35億〜5億4000万年前、つまり生命の歴史の80%以上の時間はこのような姿だった。唯一の目に見える生命体は、ストロマトライトと呼ばれるシアノバクテリアのマットからなる小さな塚や半球体だった

の昔に加熱と激しい圧力で変成岩に変わっているため、化石が壊れてしまった可能性が高いのだ。また、あまりにも古いのですでに浸食されている可能性もある。これも別の形の破壊と言える。比較的保存状態がよくても、たいがい太古の岩石の上には新しい地層が厚く積み重なっており、地球広しと言えども露出している場所は非常に限られている。カンブリア紀の岩石から簡単に見つかるように、先カンブリア時代の岩石からも簡単に化石が見つかるだろうと考えたいところだが、これらすべての要因がじゃまをするのだ。

だが問題はそれだけではない。非常に長い期間、先カンブリア時代にはその環境（特に無酸素または酸素がほとんどない状態と、オゾン層がない状態）のせいで、初期の生物による殻や硬いパーツの形成が阻害されていたらしいことがわかっている。かわりに二〇億年間はバクテリアと（さらに後には）藻類の厚い層（マット）が世界を支配し、沿岸の浅瀬で成長して岩を覆っていた（図1・1）。たしかに先カンブリア時代の岩石にも化石は存在するが、ほとんどが微視的で、顕微鏡スライドに貼りつけた薄い岩石を注意深く研磨して、高倍率で観察しないと見ることはできない。ほとんどの先カンブリア時代の岩石には、野外地質学者の目にとまるような化石は含まれていないのだ。

それにもかかわらず、先カンブリア時代の岩石には人目を引く特徴が多くあるため、長らく議論の的になってきた。

例えば、一八四八年にはカナダの先駆的な地質学者ジョン・ウィリアム・ドーソン卿がオルドハミ

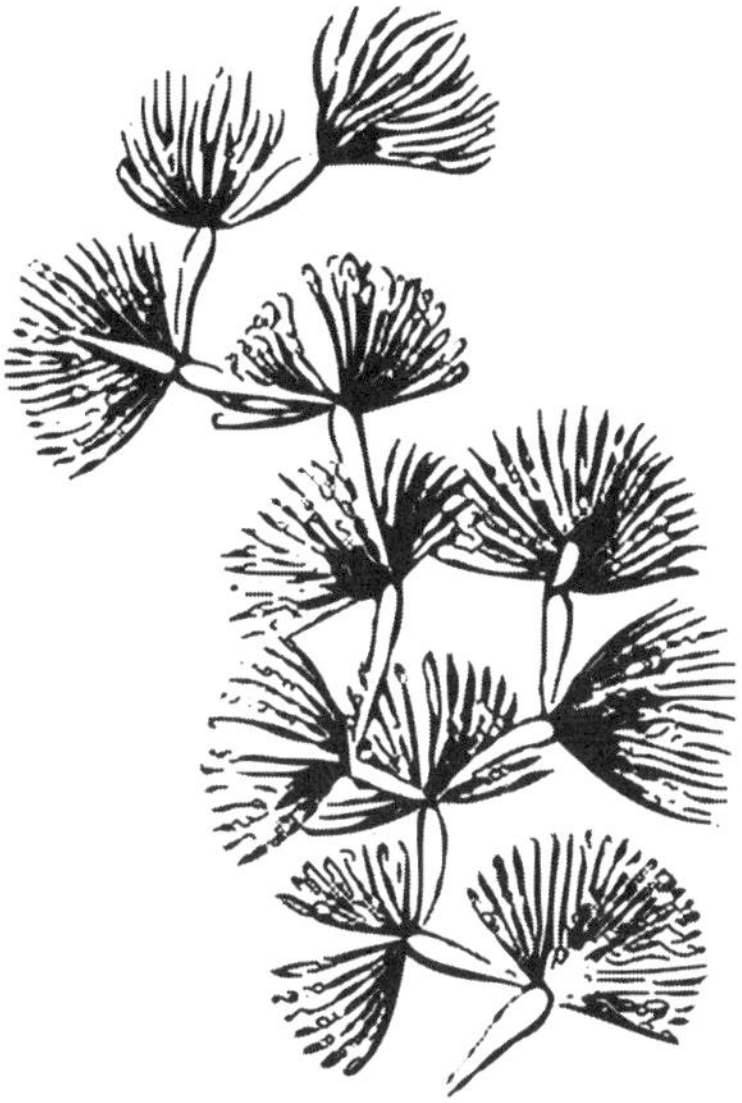

▲図 1.2　オルドハミアの原図

アという奇妙な放射状のパターンを持つ溝のような構造を報告した（図1・2）。彼はそれをある種のポリプ（刺胞《しほう》動物の体の構造の一つ）の化石だと考えた。だが、アイルランドの地質学者ジョン・ジョリーが凍った泥の道を歩いているときに、これによく似た、泥の氷の結晶によってつくられたパターンを発見した。そして一八八四年に、オルドハミアは氷の結晶によってできた形にすぎず、化石ではないと主張した。

つい最近になってオルドハミアは再評価され、ある種の蠕虫《ぜんちゅう》類（ワーム）が掘った穴だと断定されている。結局は生命の証拠だったのだ――しかし、この例は、先カンブリア時代の生物の痕跡を探そうと躍起になっていると、人はいとも簡単にだまされてしまうことを示している。

一八六八年にも別の「生物」が発見された。伝説的な生物学者（かつ「ダーウィンの番犬」の異名で知られる）トマス・ヘンリー・ハクスリーが、一八五七年に深海で採取された泥の入った瓶の中からねばねばした「生命体」を発見したのだ。ハクスリーはこの「生物」をバシビウス・ヘッケリと名づけた（属名はギリシャ語で「深い生命」の意。種小名はドイツの生物学者エルンスト・ヘッケルにちなむ）。しかし、著名なイギリスの科学者のチャールズ・ワイヴィル・トムソンは納得せず、標本を調べて、菌類が分解した生成物にすぎないと考えた。別の生物学者ジョージ・チャールズ・ウォーリッチは、この「生命体」は有機物が化学的に分解されて形成されたものだと主張した。

この「生物」を調べるため、また別の調査目的もあって、ワイヴィル・トムソンや多くのイギリスの科学者が集まり、一八七二年から七六年のチャレンジャー号探検航海が計画され、資金が集められた。チャレンジャー号は蒸気機関も備えた帆船で、実質的に世界初となる海洋学的な世界一周航海を行った。当時、海の底がどうなっているのかまったくわかっておらず、イギリスの科学界ではまだ三葉虫が深海にひそんでいると考えられていた。また、バシビウスとはいったい何なのか、その答えも探していた。

チャレンジャー号の探検では、深海から泥のサンプルが三六一個以上採取されたが、バシビウスは一つも見つからなかった。そして、調査船の化学者ジョン・ヤング・ブキャナンが古いサンプルをい

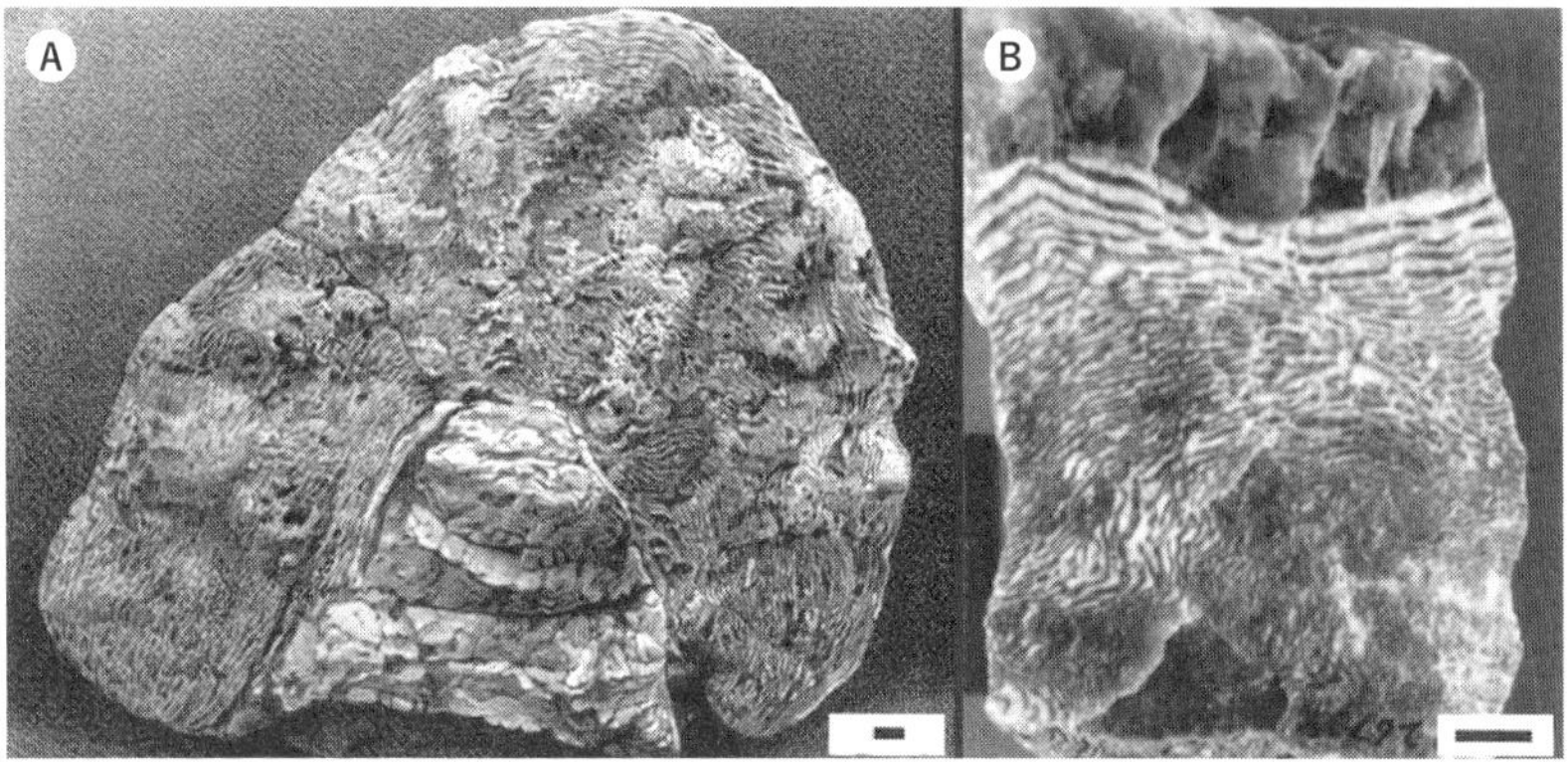

▲**図 1.3**　エオゾーン・カナデンセ（カナダの暁の動物）
A：ドーソンの『生命の曙』の図版
B：スミソニアン協会にあるホロタイプ（正規準）標本
スケールバーは1cm

くつか観察しているときに、あの謎の「スライム」に似たものを発見した。分析してみると、硫酸カルシウムとサンプルを保存するために使われていたアルコールの反応生成物にすぎないことに気がついた。ワイヴィル・トムソンはハクスリーに丁重な手紙を送り、ブキャナンによる同定結果を知らせた。立派なことにハクスリーは、自身のまちがいを認める文章を科学雑誌「ネイチャー」に掲載した。そして、一八七九年にはイギリスの科学振興協会の会合で完全に自分の非を認めたのだった。

また、『種の起源』が発表される前年の一八五八年にも人騒がせな出来事があった。伝説的なカナダ人の地質学者ウィリアム・E・ローガン卿（後にカナダ地質調査所の所長を務めた）が、モントリオールの近くのオタワ川の岸でただならぬ岩石を発見した。彼は何年間もその標本を科学者に見せつづけたが、初期の生命の証拠だと認める者はほとんどいなかった。

その後、その標本はカナダでもっとも著名な科学者の一人であるドーソンの目にとまった。一八六五年、ドーソンはローガンの見つけた層状の構造にエオゾーン・カナデンセ（カナダの暁の動物）という名前をつけた（図1・3）。彼は巨大な有孔虫（方解石の殻をつくる海生のアメーバのような単細胞の生物）の死骸が化石化したものだと考えた。そして、「カナダ地質調査所の栄誉の中でもっとも輝かしい宝石の一つ」と述べた。しかし、そうした宣言からほどなくして、ほかの地質学者が地質的環境に照らし合わせてその標本をさらに詳しく調べてみると、単に方解石と蛇紋石が層状になった変成作用による構造にすぎず、化石ではないことがわかった。決め手となったのは、一八九四年にイタリアのベスビオ山の近くで、火山の熱によって似たような岩石構造がつくられることが発見されたことだった。

クリプトゾーン――また新たな人騒がせ？

オルドハミア、バシビウス、エオゾーン。そのほかの多くの偽化石も、一度は生き物の祖先ともてはやされたが後に偽りであることが証明された、先カンブリア時代の「生命」の不名誉な例だ。今では、地質学史の研究者しかそれらを覚えていない。

今にして思えば人々がだまされたのも無理はない。たいていの地質学者は駆け出しのころに、野外には偽化石、つまり、よく調べてみるまで化石の可能性があるように見える物体があふれていることを学ぶ(何を調べればいいかを知っていればだが)。ほとんどのアマチュア鉱物収集家は、植物のパターンに非常によく似た軟マンガン鉱の樹枝状結晶にだまされる。その酸化マンガンの結晶構造はシダの葉にそっくりなのだ。また、もっともよくある偽化石は、砂や泥の粒子がさまざまな形に固まったコンクリーションと呼ばれる団塊だ。普通は球形や不規則な球状の塊だが、奇妙な形をしているものも多くあり、何もないところにパターンを見いだす人間にそなわるある傾向によってまどわされ、素人の目には「脳の化石」や「男根の化石」などさまざまな形に映る。

雲が城に見えたり、星々が動物に見えたりするように、人間にはほぼあらゆるランダムなイメージの集合体の中に意味やパターンを見いだす性質がある。パレイドリアと呼ばれる現象だ。だから経験豊かな地質学者は形が変わっている物体だからといって化石だと安易に解釈することを非常に嫌がるし、化石かどうかを見わけるには長年の経験が必要だ。このことは地質学の黎明期、つまり、ほとんどの堆積構造や生物の穿孔による構造がまだ定義されておらず、真の体化石から区別されていない時代に特に当てはまった。

▲**図 1.4**　1912年にバージェス頁岩の採石場で調査中のチャールズ・ドゥーリトル・ウォルコット

この物語で次に登場する重要な人物はチャールズ・ドゥーリトル・ウォルコットという、独学で成功したアメリカ地質調査所の地質学者だ（図1・4）。彼は一〇年間しか通学せず、学位を取得することはなかったが、人生の後半に多くの名誉学位を得た。それで、ウォルコットは二十世紀初頭のアメリカでもっとも重要な科学者の一人になった。

ほぼ単独でニューヨーク州からグランド・キャニオンにわたる北アメリカのすべてのカンブリア層を記録し、先カンブリア時代の化石研究の創始者にもなった。

後年は、現代では想像もできないほど、同時並行でさまざまな仕事をこなすことで有名だった。アメリカ地質調査所の所長を務め（一八九四―一九〇七年）、その後はスミソニアン協会の会長に抜擢され（一九〇七―一九二七年）、その間に米国科学アカデミーの会長も務めた（一九一七―一九二三年）。また、米国哲学協会の会長と（ドーソンと同じく）アメリカ科学振興協会の会長を兼務した。

こうした組織を運営するうえでの途方もない事務負担にもかかわらず、毎年夏には数週間を捻出し、ロッキー山脈とコロラド高原で非常に骨の折れる野外調査を続け、カンブリア紀の岩石の巨大な山々を記録し、膨大な量の化石を収集し、なんとか時間を見つけては記載して発表した。そのような野外調査旅行の中で彼はバージェス頁岩――中期カンブリア紀の軟体の動物化石の宝庫――を偶然発見した（第5章）。だが、膨大な仕事量をこなしていたために、本格的に調べる時間が取れず、それらの化石を表面的にしか記載しなかった。

ウォルコットは、ニューヨーク州の最初の地質学と古生物学の主任を務めた伝説的な科学者、ジェームズ・ホールのもとで仕事を始めた。そして、サラトガでの休暇中に、サラトガ・スプリングズから西にわずか五キロメートルに位置するレスター・パークで短い野外調査を行った。そこで彼は、研究していた非常に古い先カンブリア時代の岩石の中に層状の構造があるのを見て強い印象を受けた（図1・5）。一八七八年、二八歳という若さで、それらのドーム型やキャベツのような形の層状構造を記載し始め、その構造は一八八三年にホールによってクリプトゾーン（隠された生命）と命名され

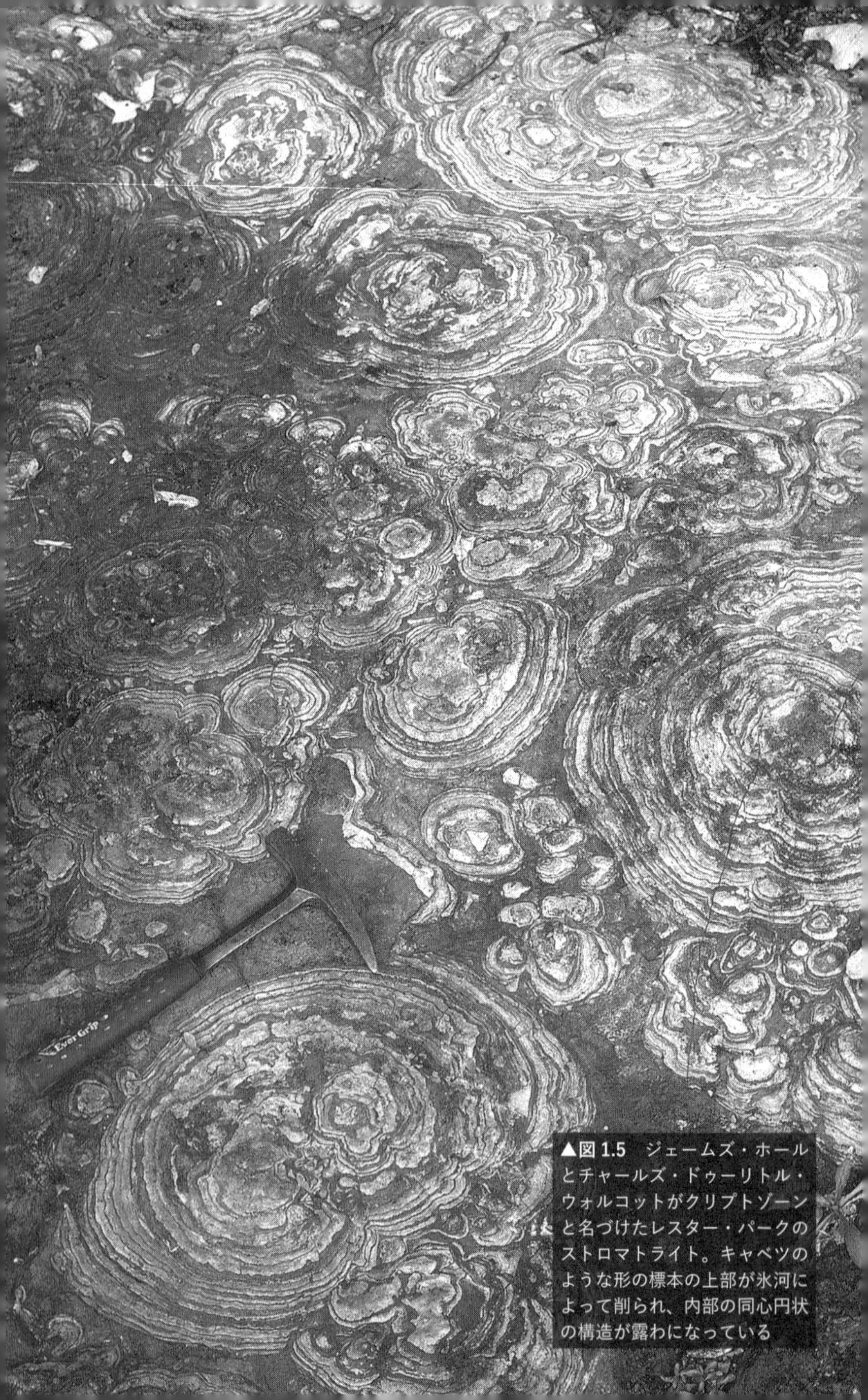

▲図 1.5　ジェームズ・ホールとチャールズ・ドゥーリトル・ウォルコットがクリプトゾーンと名づけたレスター・パークのストロマトライト。キャベツのような形の標本の上部が氷河によって削られ、内部の同心円状の構造が露わになっている

た。それらの構造は、ほぼすべての先カンブリア時代の岩石によく見られるものだったため、化石化した生命の最初の証拠だとウォルコットは確信した。

しかしながら、ほとんどの科学者はクリプトゾーンに対して懐疑的だった。例えばドーソンが誤ってエオゾーンの「化石」だと同定した変成岩の層状構造や、溶液からゆっくり結晶が成長する際に形成されたもの、または変性作用による縞模様などのように、生命体の関与がなくても層状構造はごく簡単に自然に形成される。長年、古植物学の分野でもっとも影響力のあった著名な植物学者アルバート・チャールズ・スワード卿はおもだった反対者だった。植物の有機的な構造などが一つも保存されていないため、その存在は非常に疑わしいというもっともな指摘をした。

それでも、ドーム型やキャベツに似た層状構造を記載する地質学者は後を絶たず、先カンブリア時代の岩石の中で唯一肉眼で見られるこうした特徴にどんどん名前がつけられていった。クリプトゾーン以外にも、別の層状構造にはコレニアという属名が与えられたし、ドーム型ではなく円錐形のものはコノフィトンと命名された。特にソビエト連邦の地質学者は、変成を受けていない先カンブリア時代の岩石がシベリアに広範囲にあって研究できるため、あらゆる形の層状構造に好んで名前をつけた。それらはすべてストロマトライト（層状の岩石）という包括的なカテゴリー名でくくられたが、生物によって形成されたものなのかどうか、ほとんどの地質学者には判断がつかなかった。

五億年前の景色が目の前に！

ストロマトライトの正体について、二十世紀前半の地質学界と古生物学界は真っ二つに割れていた。いくら研究を重ねても、層の中から有機物質の痕跡や保存された細胞は見つからず、化石説は根拠にとぼしかった。そのような構造を持つ例が現存して成長してでもいないかぎり、懐疑的な人々を黙らせるような納得のいく証拠はなかった。

一九五六年、パースにある西オーストラリア大学の地質学者ブライアン・W・ローガンら数人の地質学者が西オーストラリア州の北岸を調査していた。彼らはパースから約八〇〇キロメートル離れたシャーク湾というラグーンにさしかかった。そして、シャーク湾の南岸にあるハメリン・プールの潮が引いたときに、今まで科学者が目にしたことがなかった五億年前の景色を目の当たりにした（図1・6）。驚いたことにその湾の底は、先がドーム型になった高さ一～二メートルの円筒形の塔で覆われていた。それらはクリプトゾーンやほかの先カンブリア時代のストロマトライトの生き写しだった——それなのにまだ成長しているではないか。

詳しく調べてみると、太古のストロマトライトと同じように、柱や塔はミリメートルサイズの堆積物の薄い層からできていた。頂部の表面にはこの謎めいた構造をつくりだす生命体がいた。それは藍

▲図 1.6　オーストラリア、シャーク湾のドーム型をしたストロマトライト

色細菌（シアノバクテリア）のねばねばしたマットだった（かつては藻類ではないのに不正確に藍藻と呼ばれていた。藻類は真核細胞を持つ「植物」である）。シアノバクテリアは地球上でもっとも原始的で単純な生命体の一つであるだけではなく、おそらく地球上で初の光合成生物だ。シアノバクテリアが最初の地球大気の酸素をつくり、そのおかげで後により複雑な動物が進化することができたと多くの科学者が考えている。

シャーク湾のストロマトライトの調査をすすめた結果、細かな層状構造の形成過程が明らかになった。シアノバクテリアのマットは、日中に潮が満ちて海水につかっているときに、太陽に向かって急速に成長する。新しく成長したマットの表面はべたべたしており、特に夜や潮が引いて数時間成長が止まっている間に堆積物が付着する。そして、再び潮が満ちてきて、日も昇ると、太陽に向かって新しい糸状体が成長し、前の晩に積もった堆積物の層を完全に包みこむ。これが来る日も来る日も、毎年変わらず繰り返されるため、条件のよい場所では、日々のマットの成長によって数百の独立した堆積物の層が閉じこめられる。最後にバクテリアの有機物が朽ちてなくなり、層状の堆積物だけが残されて、有機的な構造や生命の化学的痕跡は残らないのだ。

成長過程がもしそのように単純なのであれば、なぜストロマトライトは、先カンブリア時代のように地球上の至るところに存在しないのだろうか。その答えもシャーク湾にあった。湾口の砂州によって海水の出入りが制限されているため、ハメリン・プールの浅瀬は塩分濃度が非常に高い。それに加えて、亜熱帯の砂漠地帯に位置するので気温が非常に高く、日差しがさんさんと降り注ぐ。海水が蒸発するにしたがって、浅瀬の堆積物はどんどん塩辛くなり、実際、塩分が非常に高く、海の塩分濃度の二倍になっている（通常の海水が三・五パーセントの塩分濃度なのに対して、ハメリン・プールは七パーセントを超える）。この環境に耐えられるのはシアノバクテリアしかいない。バクテリアのマットを食べる草食性の腹足類（今日の潮だまりならカサガイやタマキビ、アワビなど）は塩分濃度が非常に高い場所では生きられないため、マットは刈られずにただ成長しつづける。これは先カンブリア時代の地球に非常によく似ている。先カンブリア時代には、腹足類のような、より進んだ海生草食動物はまだ進化していなかった。三〇億年間、もっとも複雑な生命体は微生物マットであり、そしてやがては藻類マットになり、それらの成長を妨げるものは何もなかった。わたしの友人のカリフォルニア大学ロサンゼルス校（UCLA）のJ・ウィリアム・ショップの言葉を借りれば、初期の地球は「ねばねばした膜の惑星」だったのだ（図1・1参照）。

一九五六年のシャーク湾での発見以降（最初の発表は一九六一年）、世界各地で現生のストロマトライトが見つかっている。その多くには主要な共通点が一つある――それらを食べる、より進化した生命体（例えば草食性の腹足類）には過酷すぎる環境で育っていることだ。わたしはバハ・カリフォルニアの太平洋沿岸にある塩分濃度の高いラグーンで、成長中の現生ストロマトライトをじっくり観察したことがある。また、ペルシャ湾の西海岸の塩分濃度の高い海水中にも生息しているし、シャーク湾のように巨大なドーム型の頂部を持つ柱状のものは、ブラジルにある塩分濃度の高いラグーン、ラゴア・サウガーダ（ポルトガル語で「塩辛いラグーン」の意味）でも成長している。普通の塩分濃度の海水で生きている数少ない例としてバハマのエグズーマ・ケイズがあるが、カサガイやタマキビであっても岩にくっついていられないほど潮の流れが速い。

一方、化石のストロマトライトもぞくぞく発見されており、生命そのものと同じくらい古いものも見つかっている。西オーストラリア州のワラウーナ層群（シャーク湾から東にわずか数百キロメートルに位置する）からは、三五億年前のストロマトライトの可能性があるものが見つかっており、シアノバクテリアの細胞の最古の微視的証拠が含まれている。また、南アフリカの三四億年前のフィグツリー層群にはまぎれもないストロマトライトがある。

ストロマトライトは一二億五〇〇〇万年前に形と大きさの多様性においても、量においてもピークを迎えた。今でも、当時の地球の生命を示す目に見える唯一の証拠である。その後五〇万年間でゆっくりと衰退し、カンブリア紀にはもとの量の二〇パーセントにまで落ちこんだ。これはおそらく、腹足類のような新しい草食性の生物が大量に増え、普通の海水に生息していたものが食べられてしまったためだと考えられる（図1・5のレスター・パークのストロマトライトは、カンブリア紀の中ごろのホイト石灰岩に含まれており、カンブリア紀まで生きのびた数少ない例だ）。オルドビス紀（約五億年前）の無脊椎動物の大放散のころには、ストロマトライトは地球上からほぼ姿を消していた。

過去五億年間、微生物マットは希少な存在ではあったが、捕食動物が少なくなったらいつでも息を吹き返して繁栄してきた。三つの大量絶滅（オルドビス紀末、デボン紀末、そして最大の絶滅であるペルム紀末）の後には、大量絶滅に打ちのめされた生物の中で数少ない生存者となり、直後の世界にもどってきて大繁殖した。どの場合でもストロマトライトは、活動の機会をねらっていた数少ない生き残りの種とともに、開放的な環境をうまく利用して雑草のごとく成長し、捕食動物がいなくなった世界で繁栄した。

最後にもう一つ考えておきたいことがある。生命の歴史の約八五パーセント（三五億〜約六億三〇〇〇万年前）は、目に見えるような化石をつくれる大きな生物は地球上に存在しなかった。ストロマトライトだけが顕微鏡を使わずとも見ることができる唯一のものだ。なぜ生物はすぐに進化しなかったのかという疑問に対しては諸説あるが、カンブリア紀のある時点までは、多細胞生物の生命を維持できるほど大気中の酸素濃度が高くなかったという事実に関係する説が多い。原因がなんであれ生命史の大半は、地球という惑星の地表には微生物マットとドーム型のストロマトライトしか存在せず、ほかには何もなかった。もしエイリアンが地球を訪れたとしても、ストロマトライトを見て、興味をひかれずに立ち去っていっただろう。

いや、ＡＬＨ８４００１という隕石について考えてみよう。ＡＬＨ８４００１は南極のアラン・ヒルズで発見されたのだが、もともとは火星から吹き飛ばされ、最終的に地球に落下したものだ。一九九〇年代には、それに含まれている棒状やビーズ様の構造が火星の生命体の化石かどうかで大論争が起こった。まだ結論は出ていないが、仮にかつての火星に生命体が存在したとしても、今の火星は水が液体で存在するには寒すぎるので、ほぼまちがいなく凍っているだろう。もしかしたらかつての地球もほとんど同じように見えたかもしれない。六億年前までは、単細胞生物よりも大きな生命体は地球上に存在しなかったのだから、地球の岩石の破片や地表のサンプルはすべて、凍りつく前の火星のようだったにちがいない。

自分の目で確かめよう！

ジェームズ・ホールとチャールズ・ドゥーリトル・ウォルコットのクリプトゾーンの基礎となったオリジナルのストロマトライトはニューヨーク州サラトガ・スプリングズの東にあるレスター・パークで見ることができる。

サラトガ・スプリングズのダウンタウンからニューヨーク州道9N号線を西へ。左に曲がってミドル・グローブ・ロードを進み、さらに左に曲がってレスター・パーク・ロード（ペトリファイド・ガーデンズ・ロードとも呼ばれる）に入り、約150メートル進む。公園に入ったら、標識にしたがってペトリファイド・ガーデンズへ。

ストロマトライトや先カンブリア時代のストロマトライトのジオラマを展示する博物館は多い。例えば、デンバー自然科学博物館やシカゴのフィールド自然史博物館、マディソンにあるウィスコンシン大学地質学博物館、ワシントンD.C.にあるスミソニアン博物館群の一つの国立自然史博物館、ソルトレイクシティにあるユタ大学のユタ自然史博物館、カリフォルニア州クレアモントにあるウェッブ・スクールズのレイモンド・M・アルフ古生物学博物館、マーティンズビルのバージニア自然史博物館、パースの西オーストラリア博物館などがある。

第2章　最初の多細胞生物・チャルニア
エディアカラの楽園

古生物学を志す者はたいてい肉食恐竜や更新世の哺乳類のように、大きくて派手な標本に惹かれるものだ。だが本物のモンスター、失われた世界の奇妙な驚異を見つけたければ、無脊椎動物を対象にした古生物学に目を向けるべきだ。まちがいなく、化石になったもっとも奇妙な生物はエディアカラ生物群の中にいる。

――『エディアカラの楽園（*The Garden of Ediacara*）』マーク・マクメナミン

一つの細胞から複数の細胞へ

第1章で見たように、先カンブリア時代の化石が見あたらないことは長らく進化生物学の課題だった。ダーウィンも困り果てていたし、ほかの多くの科学者も長年頭を悩ませてきたが、一九五四年にまぎれもない微化石が発見され（第3章）、さらに一九五〇年代にはストロマトライトが微生物マットによって形成されたことが確認された。これらの発見によって、三五億〜約六億三〇〇〇万年前には、生物は単細胞であったことが判明した。だが、依然として「カンブリア爆発」以前の多細胞生物の化石はなかった。三葉虫などの硬い殻を持つ多細胞動物が出現する以前の不可解な化石記録の空白から、生物が発見されることはないだろうと多くの人が考えていた。

しかし、興味深い化石が岩石の中から発見されはじめた。そのほとんどはかなり大きい（直径が一メートル近くあるものもあった）軟体の生物で、硬いパーツをまだ発達させていなかった。それらはすべて海底の砂岩や泥岩にできた生物の「印象」であり、実際の完全な体化石は存在しなかった（殻や硬い骨格がない場合の問題点だ）。一九二〇年代にナミビアで発見され、一九四〇年代にはオーストラリアのエディアカラの丘でも発見されたが、当時は年代の特定が十分ではなかったため、カンブリア紀初期の化石だと考えられていた。

そして、一九五六年に、ティナ・ニーガスという一五歳の少女がイギリス、リンカンシャーのグランサム近くにあるチャーンウッド・フォレストで、ある標本を発見した（図2・1）。彼女はこう記している。

▲**図 2.1**　チャルニアの復元図

十代のころ、わたしは地元の図書館でチャーンウッド・フォレストの地質学に関する研究論文を見つけました。わたしたちはたびたびそこに行っていたため、論文に書かれている場所の多くをよく知っていたのです。載っていたほとんどの地図をコピーし、理解のある両親にできるだけ早くそこに行きたいと頼みました。

車を止めると、石切場に続く道が見つかりました。その地層は水中に堆積した火山灰の層だということを本で読んでいましたが、わたしにとっては新しい概念でした。当時、その採石場を訪れる人はほとんどなく、ヒツジの通り道程度の小道が続いていました。わたしは採石場の底に立ち、岩の表面を指でさわっていました。そして、ちょうど頭の高さくらいのところに見つけたのです——化石でした。それが化石であることに疑いはありませんでしたが、それまでに読んだすべての本では、先カンブリア時代は生命が始まる前の時代として定義されていたのでとまどいました。それはシダ、まちがいなくある種のシダの葉だと思いましたが、「小葉《しょうよう》」に中央の脈がないことに気がつき、また、格子縞に見える「葉」が「軸」からのびていることもわかりました。

翌日学校で地理の先生のところに行きました。地質学に一番近いのは地理学だろうと思ったのです。わたしはチャーンウッド・フォレストの先カンブリア時代の岩石の中に化石を見つけたことを話しました。先生は「先カンブリア時代の岩石には化石なんてないわよ」と答えました。わたしは、それはわかっていますが、発見したのは「事実」なので興味があるし、困惑しているのですと言いました。すると先生は足も止めず、見向きもしないで、「だったら先カンブリア時代の岩石じゃないのでしょ」と言うのです。わたしは絶対にそうだと断言しましたが、先生は先カンブリア時代の岩石には化石は含まれていないという最初の言葉を繰り返すばかりでした――まったくの循環論法で、新しいことに心を開こうとはしないのです。わたしはあきらめましたが、またチャーンウッド・フォレストへ連れて行ってほしいと両親に頼みました。

彼女は硬い岩石からその標本を取り出す道具も経験も持ち合わせていなかった。だが翌年、ロジャー・メイスンという地元の学生（後に地質学の教授になった）が岩石から標本を分離することに成功した。メイスンはそれを地元の地質学者トレバー・フォードに渡し、一九五八年にフォードがヨークシャー地質学会の会報で正式に発表した。彼はそれをチャルニア・マソニと命名し（属名はチャーンウッド・フォレストにちなんでつけられ、種小名はロジャー・メイスンの功績をたたえて名づけられた）、藻類の構造の一種ではないかと考えた。その後、地質学者たちは、水中で揺れる柔らかい羽毛のようなウミエラと呼ばれるサンゴの類縁との関係を指摘した。だが、チャルニアの中央の

「軸」はシダやウミエラや羽毛とは異なり、直線ではなくジグザグしたパターンになっている。これから述べるように、チャルニアが実際にどのような種類の生物なのか、いまだ明らかになっていない。

その正体が何であれ、先カンブリア時代のものであることがたしかな岩石から取り出された、最初の多細胞生物の化石だった（いや、実際には、先カンブリア時代のものであることがたしかな岩石から取り出された、あらゆる化石の最初のものだった）。ニーガスの地理の先生のように、一九五〇年代後半になるまで、人々が考える「先カンブリア時代の化石」の定義は、どちらかといえば循環論法的だった。先カンブリア時代の岩石の中には目に見える化石は存在しないと多くの人が確信していたので、標本はカンブリア紀の化石か、さもなければそれは化石ではないと考えられていたのである。

フリンダース山地の化石

チャルニアが正式に記載される以前にも、大型の軟体動物の化石が世界の別の場所で発見されていた。しかし、年代が不明な層から産出したため、当たり前のようにカンブリア紀の化石だとされていた。早くも一八六八年には、スコットランドの地質学者アレクサンダー・マレーがカナダ、ニューファンドランド島のミステイクン・ポイントにある深海砂岩中でチャルニアに似た葉のような化石を発見していたが、解釈のしかたも年代の特定方法も誰にもわからなかったため、忘れ去られた。一九三三年にはドイツの地質学者ゲオルク・グリッヒがナミビア（当時は南アフリカ領南西アフリカ）で地質図をつくり、金の探査をしている際に、おびただしい数の興味深い軟体動物の化石を発見した。だが、年代が不明だったため、またしてもカンブリア紀のものだとされた。

こうした奇妙な動物相がもっとも豊富に見られ、詳しく研究されているのは、南オーストラリア州のフリンダース山地にあるエディアカラの丘だ。エディアカラの丘はアデレードからおよそ三三六キロメートル北に位置する。一九四六年にオーストラリアの地質学者レジナルド・スプリッグがそこで地質図を作成し、新しい技術を使って廃鉱山の再開をするのは妥当かどうかを評価していた。ある日、彼が昼食を取ろうと座ったときに、偶然みごとな化石を発見した。しかし、彼は古生物学者ではなかったし、化石を採集するために雇われていたわけでもなかったので、アデレード大学の古生物学者マーティン・グレッスナーにそれらについて報告した。

グレッスナーの人生は波瀾万丈だった。一九〇六年のクリスマスにオーストリア＝ハンガリー帝国のボヘミア北西部（現在はチェコ共和国に含まれる）に生まれ、ウィーン大学で学び、二五歳で法律の学位と地質学の博士号を取得した。経歴の初期にはモスクワに赴いて、ソ連科学アカデミーの国営石油研究所のために微古生物学研究会を組織した。彼は石油が含まれる岩石の年代を測ったり、太古の水深を特定したりするのに微化石を使用した先駆者の一人だった。そして、モスクワでティナ・

トゥピキナというロシア人のバレリーナと出会って結婚したのだが、結婚するにはソビエトに帰化するか出国するかしかなかった。そこで、一九三七年にオーストリアにもどると、今度はオーストリアがヒトラーの軍に占拠されたため、ほぼ即座に逃げることを余儀なくされた（父方がユダヤ人だったため）。妻とともにニューギニア島のポートモレスビーにたどり着き、そこではオーストラリアン・ペトローリアム・カンパニーのために微古生物学部門を組織するよう頼まれた。さらに一九四二年にはニューギニアで戦争が始まった。妻とともにオーストラリアに避難し、一九五〇年まで石油業界で働きつづけた。残りはアデレード大学で教授として過ごし、地質学と古生物学の学部長を務めた。

アデレード大学にいるときに、スプリッグが送ってきた謎の化石の研究に着手し、さらに多くの標本を採集するために大規模な調査隊を組織した。そして、大変な苦労の末にそれらを記載した。それらはクラゲやウミエラやさまざまな種類の奇妙な蠕虫《ぜんちゅう》類に似ているとグレッスナーは考えた（図2・2）。イギリスとオーストラリアでチャルニアが発見されたおかげで、彼はエディアカラの化石が先カンブリア時代後期のものであることを示すことができた。これにより、興味深い巨大な軟体動物が世界の多くの地域（例えばアフリカ、オーストラリア、イギリス、ニューファンドランド島、ロシアの白海の近くなど）に広がり、多様化していたことが証明された。一九八四年には、自身のすべての研究を『動物の夜明け（*The Dawn of Animal Life*）』という著書にまとめたのだが、それは現在でも傑作と見なされている。最初期の多細胞生物に関する先駆的な研究が認められて、グレッスナーは後に

▲**図 2.2**　エディアカラの化石
大型で軟体のキルト状の生物のもので、海底に残された印象化石しか見つかっていない
A：ディッキンソニアという、畝のある大型の蠕虫のような生物
B：スプリッギナという、体節のある蠕虫のような生物
C：おそらく三葉虫の類縁である盾形のパルヴァンコリナ

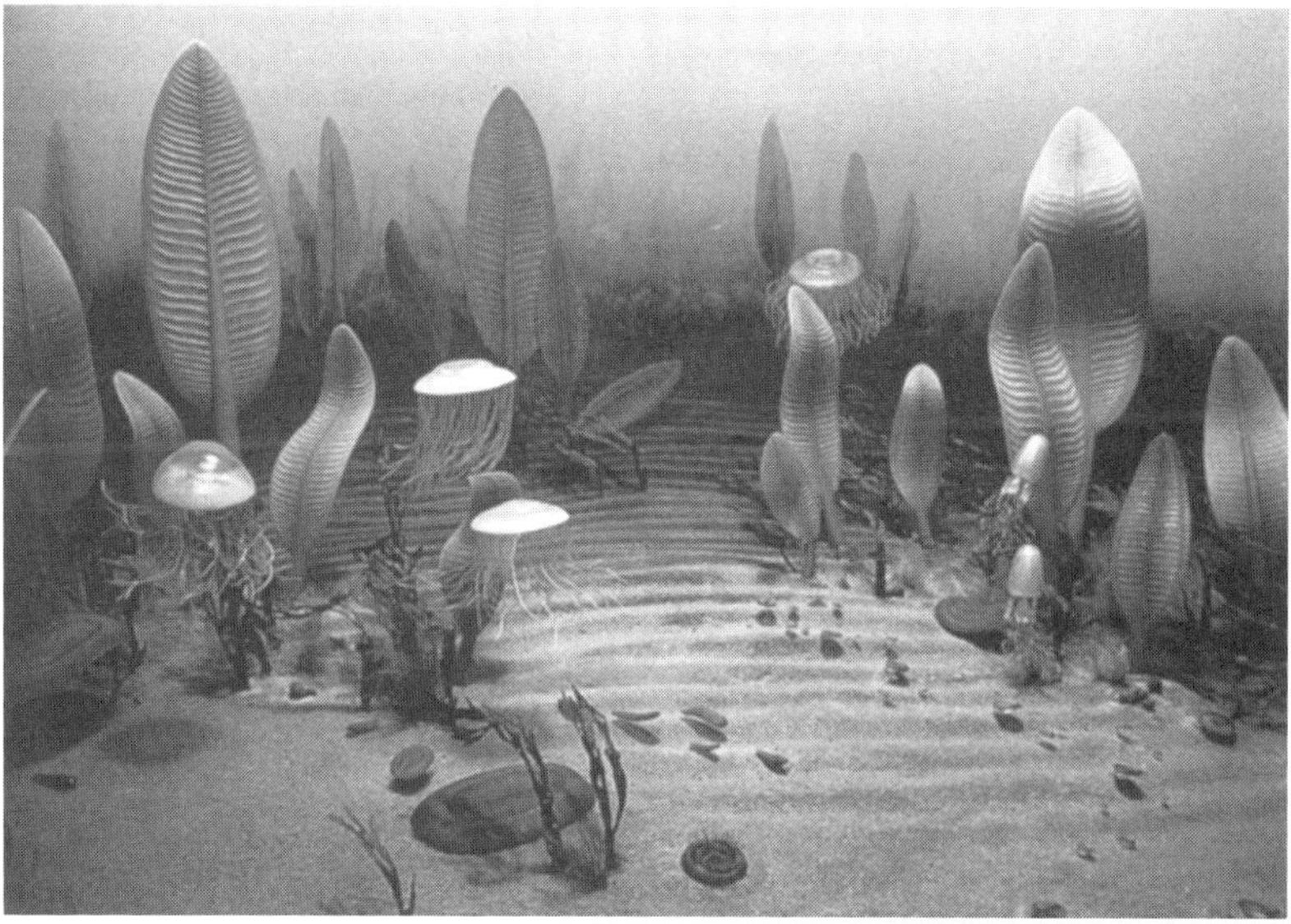

▲**図 2.3**　エディアカラ生物群のジオラマ
ウミエラ、クラゲ、蠕虫のような生物が復元されている

数多くの賞を受賞した。

グレッスナーはフリンダース砂岩の興味深い印象や模様を現生生物の観点から説明しようと努力した（図2・3）。丸い塊はクラゲのように見えたし、軸のような生物はウミエラに似ていた。最初期の多細胞生物としては異常に大きいものもあった。例えば、羽毛のようなパターンの溝を持つ幅の広い木の葉形のディッキンソニアと呼ばれる蠕虫類は、長さがなんと一・五メートル近くもあるのだ（図2・2A）。

普通なら簡単に腐るであろう生物がたぐいまれな保存状態にあることから、いくつか推測できることがある――先カンブリア時代後期には腐食生物として働く生命体が少なかったこと。エディアカラ生物群はシアノバクテリアのマットに覆われていた可能性があり、それによって埋没と保存が助けられたかもしれないこと。また、その多く（特にニューファンドランド島のミステイクン・ポイントのもの）は、浅海から重力滑動で流れてきた泥で生き埋めになったことなどである。

エディアカラの化石が示す生命の飛躍

そう簡単にエディアカラの化石を蠕虫類やウミエラやクラゲのような現生のグループに押しこめて

いいものかどうか、後続の科学者たちは確信が持てなかった。彼らはクラゲとされたものの対称性と構造が現生のクラゲとは合わないことに気がついた。同様にウミエラとされたものは中央に真っ直ぐな軸を持たず、その軸はチャルニアのように（現生のウミエラとは異なり）ジグザグしていた。蠕虫類とされたもののほとんどには、現生の蠕虫類のグループが持つ対称性と構造がなく、ましてやすべての蠕虫類が持つ消化管やほかの器官も見られなかった。

こうした体のつくりの特異性から、エディアカラの化石について従来とは異なる説明が検討された。イェール大学とテューービンゲン大学で教鞭をとったアドルフ・ザイラッハーなどの古生物学者は、エディアカラ生物群は現生の動物とはまったく関係がない独立したものだと主張した。それらは多細胞生物の初期の実験であり、現生の生物とは異なる体制（ボディープラン）を持つとし、「ベンド生物」や「ベンド生物界」と呼ぶことを提唱した（ロシアではこれらの化石を産出する先カンブリア時代後期全体に対して「ベンド紀（ベンディアン）」という用語が使われる。現在、国際的な地質学団体はこの時代を「エディアカラ紀（エディアカラン）」と呼んでいる）。

彼はそれらがむしろ水で満たされたエアマットレスに似ており、キルトのような構造になっていて、もっとも単純な蠕虫類にさえも見られる中枢神経や消化管が存在する証拠がないことに着目した。それが意味するのは、エディアカラ生物群は消化器や呼吸器や神経系などの器官を使わない生き物であった可能性があるということだ。そのかわりに、これらの液体が満たされたマットレスのような生物は、キルティングのおかげで表面積が増えており、体積に対して表面積が最大になっていた。非常に細かく折りたたまれた「皮膚」を通して食物や酸素を直に吸収し、老廃物も同じように排出していた。

マウント・ホリヨーク大学のマーク・マクメナミンは、「エディアカラの楽園」仮説を提唱している。彼によれば、そうした生命体は体積に比べて表面積が非常に大きいため、組織の中に大量のシアノバクテリアや真の藻類を共生生物としてすまわせることができたのではないかという。現代のサンゴやシャコガイなどの多くの海洋生物に共生する藻類のように、光合成を行う共生生物が大量の酸素を供給し、かわりに二酸化炭素を吸収したのだろう。また、化石土壌を専門とするオレゴン大学のグレゴリー・リタラックは、エディアカラの化石のほとんどは地衣類や菌類であり、植物や動物ではないと主張する。最近になって彼は、それらの多くは実際には土の構造が保存されたものだと唱えている。

このように、動物の夜明けの謎多き生物がどのような種類のものだったのか、意見はつきない。通常のクラゲやウミエラや蠕虫類だと考える人もまだいるが、現生の生物とは似ても似つかない生き物であると主張する研究者が多い。非常にユニークな「ベンド生物界」と呼ばれる実験的な生き物の集まりだったのか、はたまた内部共生するある種の巨大な生命体だったのか、地衣類や土だったのか、そう簡単に決着はつかないだろう。つまるところ、海底の砂や泥の柔らかな表面に刻まれた印象でしかないのだ。すべての面を持つ三次元的な構造については非常に限られた情報しかないし、内部構造や硬いパーツについてはなおさらだ。問題はこれにつきる——硬いパーツがないので、それらの生物が化石記録に保存されるのは難しかった。まさにクラゲのように、液体で満たされた組織の塊のようだったからこそ、折れていたり、つぶれていたり、ゆがんでいたりしていることが多い。

どのような生き物であったにせよ、覚えておくべき重要なことは、六億三〇〇〇万年前までに単細胞生物から多細胞生物への飛躍が起こったことをエディアカラの化石が疑いの余地なく示しているということだ。極から赤道まで地球が氷河で覆われていた「スノーボールアース」後の温暖化が引き金となってそれらは多様化した。続く九〇〇〇万年の間は、実質的にエディアカラ生物群が地球上の唯一の生命体で、彼らの時代の終わりに小さな殻を持つ生物が出現しはじめた（第3章）。そして、単純な有殻生物が優勢になり、そのすぐ後に三葉虫が勢力を増しはじめると、エディアカラ生物群は激減した。五億年前に絶滅して、生態の謎が後に残されたのである。

自分の目で確かめよう!

チャルニアのオリジナルの標本は、トレバー・フォードが1958年に記載したチャルニアに非常によく似たカルニオディスクスという化石とともに、イギリスのレスターシャーのニューウォーク・ミュージアム&アートギャラリー内に飾られている。

エディアカラの化石を展示する博物館は非常に少ない。恐竜の骨格のように目を引くわけでも華やかなわけでもないからだ。

アメリカではデンバー自然科学博物館やシカゴにあるフィールド自然史博物館、ワシントンD.C.にあるスミソニアン博物館群の一つの国立自然史博物館などで見ることができる。

オーストラリアにはフリンダース山地の標本を展示する博物館が多く、特にアデレードにある南オーストラリア博物館とパースにある西オーストラリア博物館で見ることができる。

ほかには、カナダ、ニューファンドランド島のアバロン半島のミステイクン・ポイント生態系保護区やドイツ、フランクフルトのゼンケンベルク自然博物館などがある。

第3章 最初の殻・クラウディナ

小さな殻

カンブリア紀の初期の物語を書きかえることになった発見の波は、ソビエト連邦が第二次世界大戦の後に、シベリアの地質学的資源を探査する目的で大勢の科学者からなる大規模な調査団を編成したことに始まった。

シベリアでは、先カンブリア時代の堆積岩の厚い層の上に、造山運動の影響を受けていないカンブリア紀初期の堆積岩の薄い層がある（ウェールズの場合、カンブリア紀の層は褶曲《しゅうきょく》している）。それらの岩石はレナ川とアルダン川にそってみごとに露わになっているし、ほとんど人が住んでいないこの広大な地域では、ほかのいくつかの場所にもすばらしい露頭がある。

アレクセイ・ロザノフが率いるモスクワの古生物学研究所のチームは、カンブリア紀の最古の石灰岩の中に、見なれない数々の小さな骨格や骨格の破片が含まれていることを発見した。それらは小さく、一センチメートルを超えるものはほとんどなかった。それらの化石は一連のラテン語の音節でくくられたが、英語ではもっと簡素に「small shelly fossils（小さな殻の化石）」（略してSSF）と名づけられた。

――「基礎：海の生命（*Foundations: Life in the Oceans*）」ジャック・セプコスキー

殻をつくる者

第1章では、ダーウィンが抱いていた「カンブリア爆発」に関する疑問に対して、ストロマトライトと呼ばれる三五億年前の微生物マットの発見によって最初の答えが得られ、さらには同じ年代の地層からシアノバクテリアなどのバクテリアの微化石が発見されたことを見た。そして第2章では、いかにして単細胞生物からエディアカラ生物群の多細胞の軟体生物が生じたかを見た。だが、殻を持つ動物はどうなのだろうか。いつ出現したのだろうか。

硬い殻の成長（バイオミネラリゼーション）の厄介な点は、それが思うほど簡単ではないということだ。ほとんどの動物にとってカルシウムと炭酸、またはケイ素と酸素のイオンを海水から引き出して分泌し、方解石（カルサイト）やシリカの殻を生成するのは骨の折れる仕事だ。このような種類の鉱化作用を起こすには生化学的経路が必要であり、普通はエネルギー的に非常に高価なプロセスなのである。

例えば、二枚貝や巻貝などの厚い殻は外套膜と呼ばれる体の器官でつくられる。外套膜は軟体動物の殻のすぐ下にあり、軟組織を覆っている。この器官には、海水からカルシウムイオンと炭酸イオンを引き出して炭酸カルシウムの結晶に変える特殊な構造と生理学的メカニズムがある。軟体動物は炭酸カルシウムを方解石と霰石《あられいし》（アラゴナイト）という二種類の鉱物として分泌することができる。方解石はほとんどの石灰岩に見られるありふれた鉱物であり、霰石または真珠層はほとんどの軟体動物が殻の内側を覆うのに使う鉱物である。そのため、ほとんどの軟体動物の殻の内側は、例えばアワビの殻の内側のように虹色の光沢がある。さらにこのメカニズムは、宝石収集家を魅了する真珠も育てる。真珠はある種の軟体動物の外套膜に侵入した核（例えば砂粒）のまわりに霰石が分泌されて層状になった単純な構造からなる。砂粒が外套膜を刺激しつづけないようにコーティングが分泌されるのだ。

エディアカラ生物群の時代が長かった（一億年以上にわたる）ことから、軟体の大型の生物が非常に長い期間、硬い殻を持たずに問題なく過ごしていたことがわかる。主要な動物群が分岐した年代を示す分子時計のデータから判断すると、ほとんどの主要な門（カイメンとクラゲとイソギンチャク、蠕虫《ぜんちゅう》類、節足動物、腕足動物またはホオズキガイ、軟体動物）はエディアカラ紀にまでさかのぼり、軟体の生物として存在していた。殻を持つことで体のデザインをさらに多様化させたのはずっと後のことだった。

殻の形成がそれほど大変なら、いったいなぜ殻が進化したのだろうか。ほとんどの場合、殻は捕食者からの防御の役目を果たしている。殻が出現しはじめたのは、殻がなく攻撃に弱い軟体生物をすべて食べつくしてしまう新しい捕食者が地球上に現れたことに対する適応反応だったと多くの古生物学者が考えてきた。また、いくつかの動物の場合には、殻は体が必要とする化学物質の貯蔵庫としての役割も果たしている。さらには、さまざまな代謝過程で出る余分な老廃物を分泌するために殻を使用する軟体動物もいる。

さらに重要なのは、鉱物化した殻によって体制の多様化が可能になることであり、それによって生態的多様性と柔軟性がはるかに増すことだ。殻を持たない一握りの現生軟体動物（例えば溝腹類）はほとんどが蠕虫類のような形をしているが、軟体動物は殻を持つことによって、ヒザラガイ、二枚貝、カキ、ホタテガイ、ツノガイ、カサガイ、アワビ、カタツムリ、コウイカ、イカ、オウムガイなどというように、はっきりと異なる多様なグループに進化することができた。軟体動物は潮だまりの岩の上をのろのろ動いて藻類を食べる、動きが遅くて単純なカサガイやアワビから、頭のない濾過摂食性の二枚貝、そして、非常に知的で動きの速いタコやイカやコウイカといった捕食者まで、さまざまな種類がある。

「小さな殻」の出現

大型軟体動物の進化が一億年以上続いた後にようやく殻が出現したことから、その発達は簡単な過程ではなかったことがうかがわれる。ましてや、大きな殻が突然現れたとも思えない。だが、化石記録ではそう見えるのだ。

長きにわたって、カンブリア紀の初期の三葉虫よりも単純な動物の証拠は存在しなかった（第4章）。キチンからなり、方解石で補強された、複雑な体節のある殻を持つ三葉虫が「突然出現」したことは、ある人々にとっては、なんの前兆もなく三葉虫（とほかの多細胞の有殻動物のグループ）が突然現れたことを意味していた。それはかつて「カンブリア爆発」と呼ばれていた出来事だ。

第二次世界大戦直後、ソビエト連邦はおもに石炭や石油、ウラン、金属などの経済資源を探査する目的でシベリアなどの辺地の地質調査に取り組みはじめた。その過程で基礎的な地質図が多く作成され、大量に化石が採集された。シベリアから北に向かって北極海に流れるレナ川とアルダン川ぞいでは、当時地球上で知られていたなかでもっとも完全なカンブリア紀とエディアカラ紀の地層群が見つかった。彼らはすぐに、三葉虫が出現するカンブリア紀ステージ3（ソビエトの科学者がアトダバニアンと呼んだ時代）以前のカンブリア紀の最初期について記載しはじめた。初期の三葉虫が見つかる岩石の下にあるカンブリア系最初期の二つのステージは、ネマキット・ダルディニアンとトモシアンと命名された。

それらの岩石から三葉虫は見つからなかったが、ありふれた別のカンブリア紀のグループに属する大型の殻を持つ化石が含まれていた。例えばカイメン類や、カイメンに似た絶滅したアーケオシアタス類（古杯類）、ホオズキガイまたは腕足動物などだ。しかし、もっとも多かったのは「リトル・シェリーズ（小さな殻）」というニックネームを持つ微小な化石だった（ほとんどが直径五ミリメートル以下）。それが「微小硬骨格化石群（小有殻化石）」である。

こうした微小な化石は、何を探せばいいのかはっきりわかっていないかぎり見つけるのが難しいため、派手で大きな三葉虫を発見することに慣れてしまっている地質学者たちが何十年もの間見落としていたのも不思議ではない。殻を多く含む層に微小な化石がぎっしり詰まっていることが多いため（図3・1）、野外で完全な標本を採集するのは不可能だ。かわりに、化石を含む岩石の塊を実験室に持ち帰って、酸でゆっくり溶かして取り出すほうがはるかに簡単だ。もしくは、化石を含む石灰岩の塊をスライスし、三〇ミクロンの薄さの薄片にして、顕微鏡スライドに貼りつけて観察する。顕微鏡で見てみると、石灰岩には小さいながらも複雑なさまざまな種類の化石がぎっしり詰まっていた（図3・2）。

発見当時は、これらの微小な化石が、よく知られているどの動物グループに属するのか不明だった。

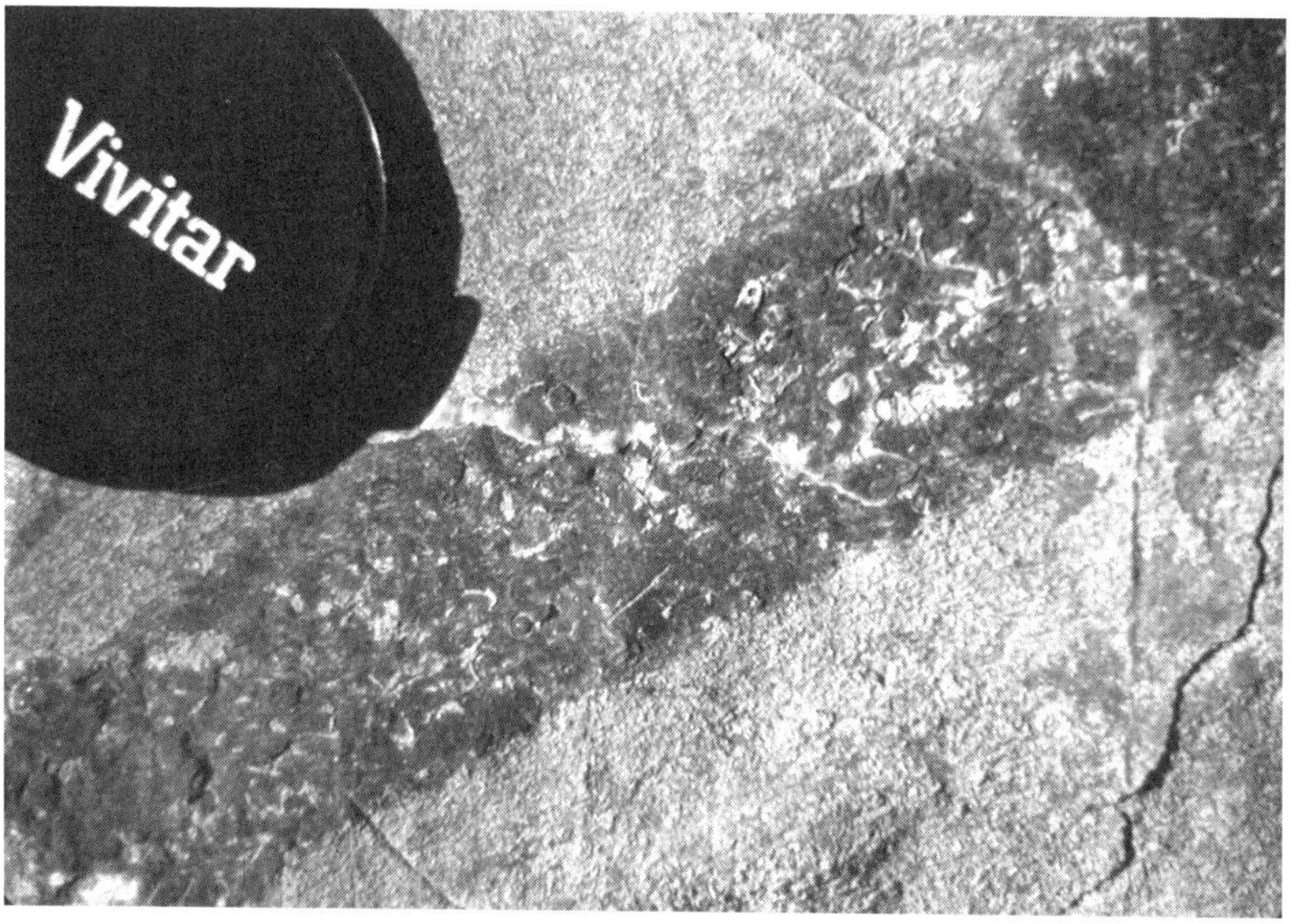

▲図 3.1　典型的なリトル・シェリーズ（小さな殻）の破片
中央の黒い帯の風化した表面に小さな殻が見られる。ネバダ州リダの近くのホワイト山地にあるウッドキャニオン累層

明らかに二枚貝に似た軟体動物の殻や巻貝に似た軟体動物の殻のようなものもあれば、より大きな生物の「ダイヤモンド状の編み目」のような装甲の破片に見えるものもあった。骨針と呼ばれる小さな針やとがったパーツも多くあった。骨針は組み合わさってカイメンの唯一の硬い部分を構成する。

重要なことに「小さな殻」の多くは、ほとんどの海洋生物が殻をつくるのに使う炭酸カルシウムではなく、リン酸カルシウム（アパタイトという鉱物）からできていた。殻を形成するのに最初期の腕足動物（リンギュラ）がリン酸カルシウムを使用

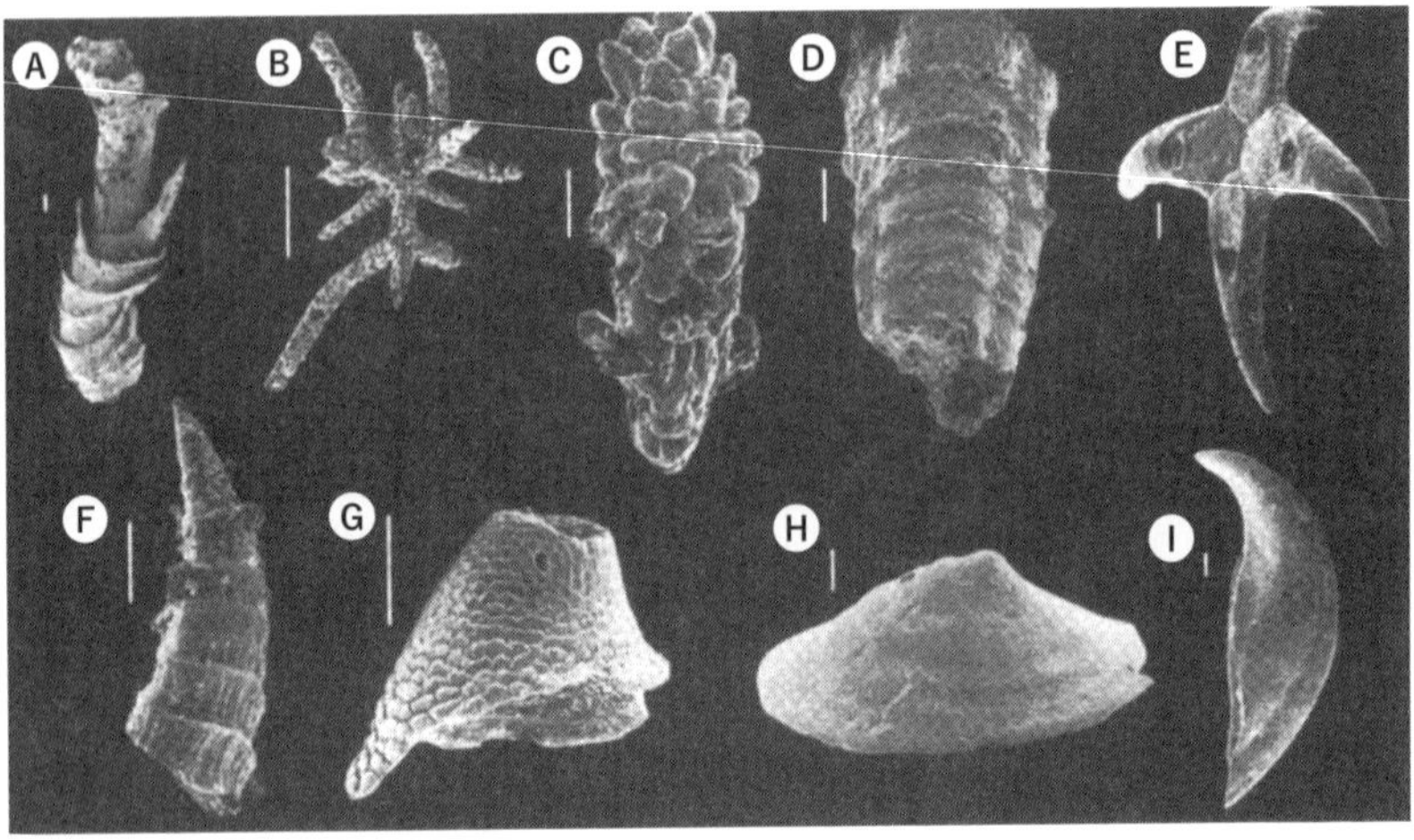

▲**図 3.2**　カンブリア紀の最初期（ネマキット・ダルディニアンとトモシアン）の岩石には三葉虫は見られないが、「リトル・シェリーズ（小さな殻）」という愛称で呼ばれるリン酸塩の微小化石は豊富に含まれている。軟体動物の殻と考えられるものもあるが（E、H、I）、そのほかはカイメンの骨針や、例えば蠕虫類のような、より大きな生物の「鎖かたびら」の破片のようである

A：クラウディナ・ハートマンナエ。最古の骨格化石の一つ。エディアカラ紀の化石を産出する中国の地層と同じ地層から発見されたもの
B：炭酸塩のカイメンの骨針
C：おそらくサンゴのものだと思われる骨針
D：アナバリテス・セクサロクス。三放射相称の体制を持ち、管にすむ動物
E：おそらく初期の軟体動物のものだと思われる骨針
F：ラプウォルテラ。系統がわからない円錐形の生物
G：系統がわからないストイボストロムス・クレヌラトゥスという生物の骨板
H：軟体動物と見られるモベルゲラの骨板
I：軟体動物と見られるクリトキテスの笠形の殻
スケールバーは1mm

していたことと併せて考えると、三葉虫のような大型の殻を持つ動物が進化するのになぜ非常に長い時間がかかったのかがわかる。カンブリア紀の初期に殻の鉱化プロセスが始まる前に、越えなければならない多くのハードルがあったことが示唆されるのだ。何よりもまず、小さな殻のパーツを数十個以上分泌した生物はおらず、三葉虫のように大きな殻をつくる準備が整っている生物はまだいなかった。さらに重要なのは、炭酸カルシウムではなくリン酸カルシウムの殻が豊富だったことに加えて、さまざまな化学的証拠から、大気と海洋の酸素濃度は、約二一パーセントという現在の地球の酸素濃度にまだ達していなかったことがうかがわれる。酸素濃度がまだ低かったため、軟体動物が殻をつくるために鉱物を分泌することを可能にする地球化学的メカニズムや生理学的メカニズムが働きにくかったことが推測される。

先カンブリア時代古生物学の巨匠、プレストン・クラウドの予想

一九五四年にスタンリー・タイラーとエルソ・バーグホーンが初となる先カンブリア時代の微化石の証拠を発見して発表するまで、先カンブリア時代の地質学と古生物学は存在していないも同然だった。一九五〇年代と六〇年代から始まった先カンブリア時代の地質学と古生物学の分野では、特にあ

る人物が先駆者となり支配的な存在になって、死ぬまでそうありつづけた――それはプレストン・H・クラウドだった。

わたしは仕事でプレス〔訳注：プレストンの愛称〕と数回会ったことがあるが、J・ウィリアム・ショップが『生命の揺りかご（*Cradle of Life*）』で述べているように、わたしの記憶でも彼はこの分野で傑出した人物だった――身長はたった一六八センチメートルと小柄で、頭は禿げてぴかぴか、あご髭はごわごわだったのだが。しかしプレスは（ショップの言葉を借りれば）、「巨人、筋金入りの天才、エネルギーにあふれ、アイデアや意見が次々と飛び出し、非常に勤勉。さらに、彼はおそらくアメリカが生んだもっとも偉大な生物学と地質学の統合者だろう……彼は益のないおしゃべりを嫌い、数人の同僚をやや横柄な態度で攻撃した（やられた同僚の一人は彼を『小さな将軍』と呼んでいた。面と向かっては言わなかったが）。だが彼には欠点をはるかに上まわる取り柄があった。才気にあふれていたのだ」。

クラウドは学究的世界（特にカリフォルニア大学サンタバーバラ校）とアメリカ地質調査所の両方での経歴が長く、アメリカ地質調査所では古生物学部門を活気のあふれる強力なチームに育て上げた。幅広く革新的な思考ができ、腕足動物からボーキサイトの採鉱、海洋学、珊瑚礁、炭酸塩岩の岩石学まで、多くの分野の専門家だった。一九七四年からは、地球の未来や限られた資源、石油産出のピーク、人類が地球にもたらしている生態学的災いや環境学的災いについて警鐘を鳴らす本を執筆しはじめた。このテーマを扱った二つの代表作（一九七八年の『宇宙・地球・人間（*Cosmos, Earth, and Man: A Short History of the Universe*）』と一九八八年の『宇宙のオアシス：地球の歴史を最初から（*Oasis in Space: Earth History from the Beginning*）』）は、四五億年間の地球史に関する彼の幅広い理解と、人類がこの惑星を破壊する可能性があるという予想を結びつける最初のものだった。

人々が初期の生命の証拠について研究を始めるはるか以前から、クラウドは先カンブリア時代の微化石とストロマトライトの研究に励み、さらなるエディアカラ紀の化石も探し求めた。より重要なのは、彼が先カンブリア時代の地球に関するわたしたちの理解の枠組み（酸素濃度の低かった三〇億年間、単細胞生物のゆっくりとした進化、二〇億〜一八億年前の「酸素大虐殺」の間に真核細胞が爆発的に増えたこと）をつくったことであり、また、先カンブリア時代の地球化学と大気と海洋がどのように働いていたのかについて、いくつもの革新的なアイデアを思いついたことだった。彼の有名な論文「原始地球のワーキングモデル（*A Working Model of the Primitive Earth*）」（一九七二年）は過去四十数年間、先カンブリア時代に関するほぼすべての研究の基礎となってきた。

クラウディナ――地球上で初の有殻生物

クラウドも多くの地質学者と同様に、大型だが殻を持たないエディアカラ生物群と殻を持つ三葉虫の間に大きな差があることに頭を悩ませていた。晩年には、そのほとんどの隙間を埋めるカンブリア紀の初期の「小さな殻」が発見されて記載されたことを非常に喜んでいた。

しかし、なぜカンブリア紀以前には殻を持つ化石が存在しないのだろうか。エディアカラ生物群とSSFの間に進化上の断絶があるように見えるのはなぜなのだろうか。

その後、一九七二年に、ジェラード・J・B・ジャームスがナミビア（当時は南アフリカ領南西アフリカ）にある先カンブリア時代の後期のナマ層群で発見された化石を記載した。彼が報告したのは、幅が約六ミリメートルで長さが約一五〇ミリメートルの奇妙な炭酸カルシウムの化石だった。その化石は入れ子状の円錐の殻からなり、内側はチューブ状の空洞になっていた（図3・3）。

その生物がどの現生グループに属するのかについて意見は一致していないし（例えばチューブ状の殻を分泌する蠕虫類のグループなのかどうか）、それどころか現生グループに属するのかどうかさえいまだに結論が出ていない。ストロマトライトに関連して見つかることが多いことから、微生物マットが生息する浅海を好んでいたことがわかる。また、ほかの生物に食べられた証拠がいくつかあり、

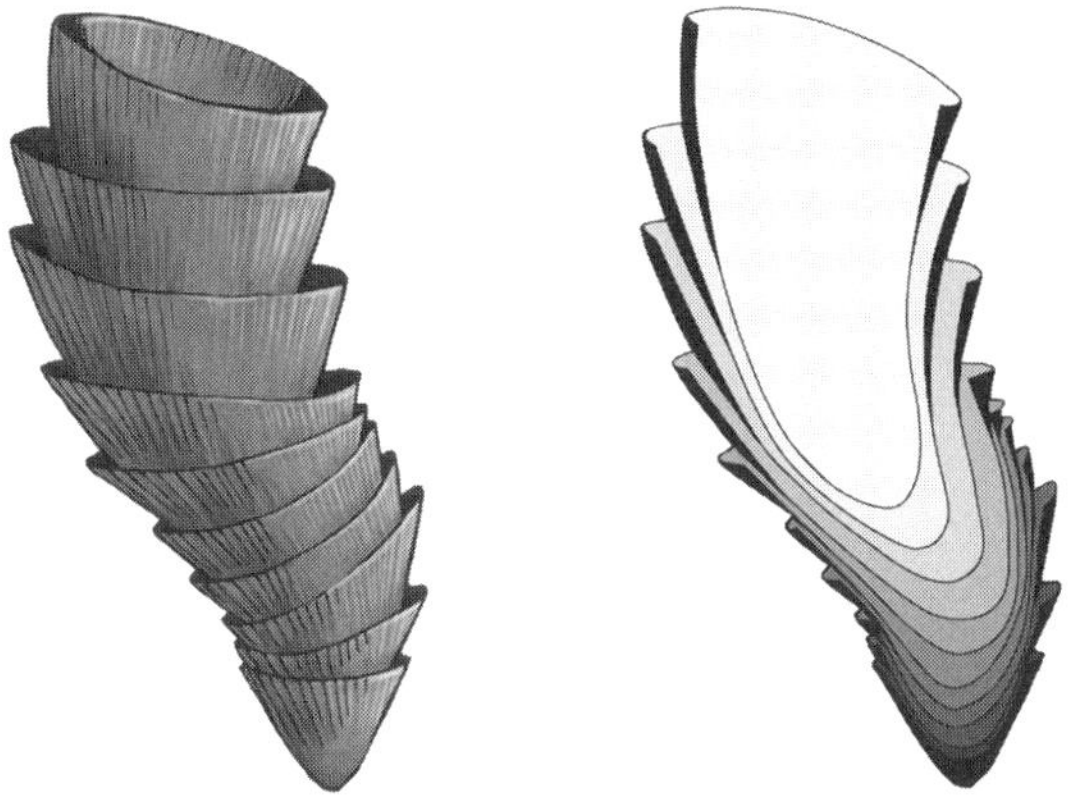

▲**図 3.3**　クラウディナの復元図
円錐が重なった外側の構造と、円筒形の内側の部屋（室）が見られる。内部には殻をつくる軟体の動物がすんでいた

本格的な捕食がすでに始まっていたこともわかる。

　この不思議な生物が何であれ、（シノチューブライツと呼ばれる中国のチューブ状の化石とともに）地球上で初の有殻動物だった。また、この生物は、先カンブリア時代の後期に形成された世界中の岩石から見つかっている——ナミビアだけではなく、南極、アルゼンチン、ブラジル、カリフォルニア州、カナダ、中国、メキシコ、ネバダ州、オマーン、スペイン、ウルグアイ、そして、とりわけロシアでよく見られる。

　ジャームスは一九七二年ごろに、プレストン・クラウドと彼の先カンブリア時代の生物地質学に対する多大な貢献をたたえて、その化石をいみじくも「クラウディナ」と命名した。その後数年間は、この腹立たしいほど単純で不完全な化石について論争も再解釈も止まなかったが、地球最古の殻を持つ動物がクラウドにちなんで命名されたのは非常に適切だったと思われる。

カンブリア爆発は「ゆっくり燃える導火線」

「カンブリア爆発」は爆発と表現されるような出来事ではなく、「ゆっくり燃える導火線」だった（図3・4）。約六億〜五億四五〇〇万年前、唯一の多細胞生物は殻を持たない大型で軟体のエディアカラ生物群だった。どうやら地球化学的条件（特に酸素濃度の低さ）が大型の殻を持つ動物の進化を許さなかったらしい。謎の多いエディアカラ生物群のほかには「小さな殻」の先駆け——特にクラウディナとシノチューブライツ——がストロマトライトのマットの間に生息していた。

そして、五億四五〇〇万〜五億二〇〇〇万年前（ネマキット・ダルディニアンとトモシアン）の間、地球上で最大の生物は皮膚に鉱物化した装甲の小片がある軟体の動物や、小さな骨針を組み合わせたカイメン、そして小さな殻を持つ軟体動物や腕足動物だった。そして、大型の多細胞生物が最初に出現してから少なくとも八〇〇〇万年が経過した五億二〇〇〇万年前ごろになると、ついに大型の石灰化した殻を持つ動物が現れた——それが三葉虫だった。したがって、「カンブリア爆発」などなかったのである——もし八〇〇〇万年間（エディアカラ紀の始まりからアトダバニアンまで）や二五〇〇

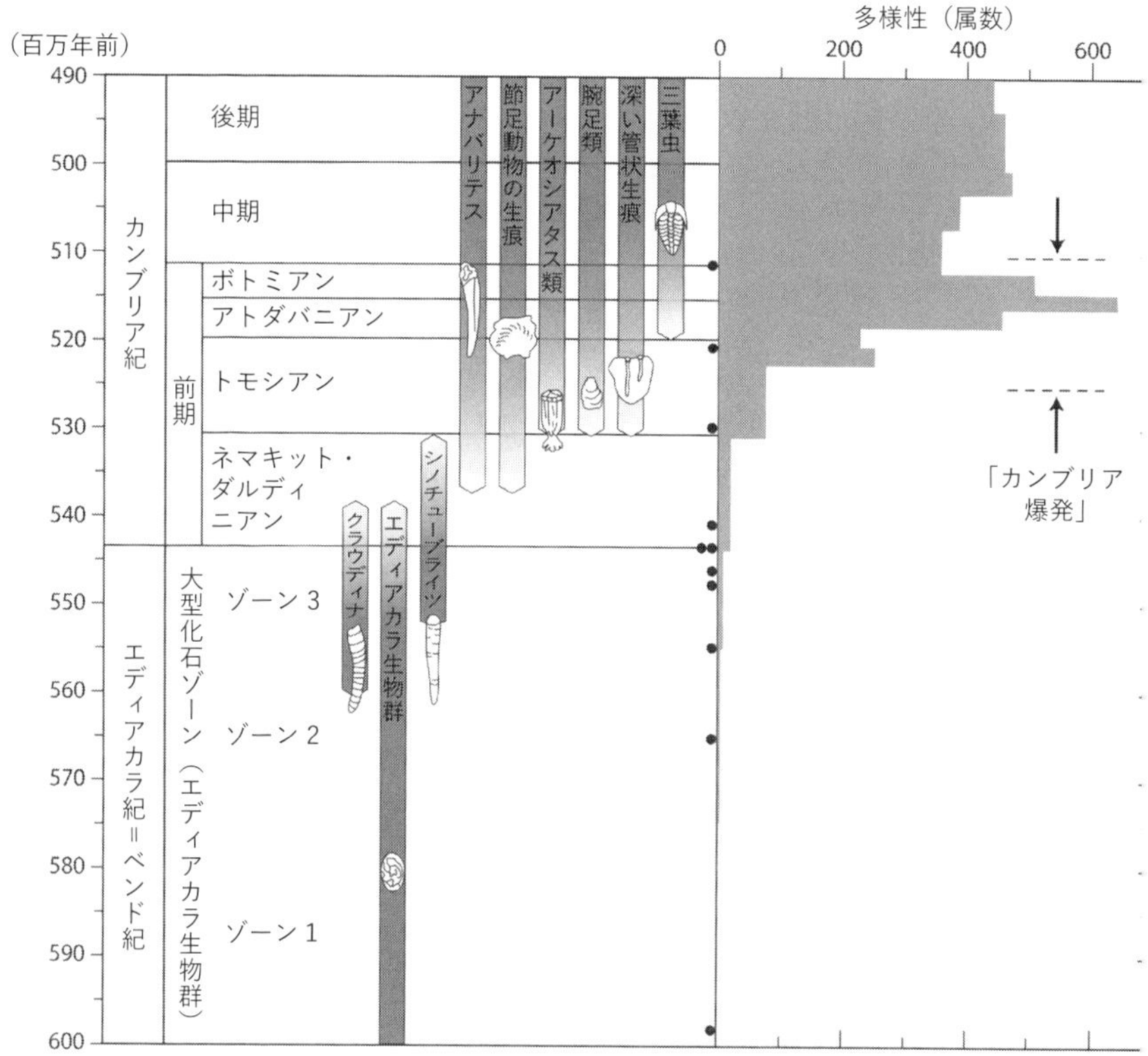

▲図 3.4　先カンブリア時代の後期からカンブリア紀の層序記録を詳しく調べた結果、生命はカンブリア紀に「爆発」したのではなく、およそ1億年間に数回に分けて出現したことが示された。
大型で軟体のエディアカラ生物群の化石がはじめて出現したのは6億年前、先カンブリア時代後期のベンド紀だった（図2.2参照）。エディアカラ紀の終わりに、単純な円錐形のクラウディナとシノチューブライツを含む最初の微小硬骨格化石が出現する。カンブリア紀のネマキット・ダルディニアンとトモシアンには、こうした「小さな殻」が優勢だった（図3.2参照）。

さらに、最初期の腕足類や円錐形のカイメンのようなアーケオシアタス類やさまざまな巣穴など、硬い骨格を持たない蠕虫類のような動物も一般的だったことがわかる。

最後におよそ5億2000万年前のアトダバニアンで三葉虫の放散が起こり、合計の属数が激増し、多様化したことが見てとれるが、それは三葉虫の殻が石化して非常によく保存されるためだ（図の右側のグラフ）。

したがって「カンブリア爆発」は8000万年以上もかけて起こったものであり、長い時間を扱う地質学の基準に照らし合わせても、「突然」起こった出来事ではない。

万年間（カンブリア紀初期の最初の二つのステージの間）を「爆発」と考えないならば。
天地創造説支持者などはこの証拠を無視することに決めこんで、「カンブリア爆発」のまちがったバージョンを広めて、自分たちの目的に合うように化石記録をゆがめている。ハーバード大学の古生物学者アンドルー・ノールはこう述べている。

カンブリア爆発は実際にあったのだろうか。この問題を意味論的に扱う人々もいた――数千万年以上かかって起こった出来事が「爆発的」であるはずはなく、もしカンブリア紀の動物が「爆発的」に増えたのでなければ、特段変わったことはなかったのかもしれない。カンブリア紀の進化が漫画のように速いものではなかったのはたしかだ……現生動物の出現を説明するために、ユニークでほとんど解明されていない進化のプロセスを仮定する必要があるだろうか。わたしはそうは思わない。集団遺伝学者に知られていないプロセスを持ち出さなくても、カンブリア紀には、原生代に達成されなかったことを成し遂げられるだけの時間が十分あった――一、二年ごとに新しい世代をつくりだす生物にとって、二〇〇〇万年は十分長い時間なのである。

第4章 殻を持つ最初の大きな動物・オレネルス

「おお、三葉虫がうろつく地に我が家を与えよ」

三葉虫はわたしに教えてくれる。芽を出しかけた生命が満ちている古代の海岸について。静寂を破るのは風の音や波が砕ける音、雷鳴や火山しかない。

海では生存の戦いによって、すでに犠牲者がでていたが、進化しつつある生命体の運命を決定していたのは自然の法則とさまざまな出来事だけだった。その海岸には足跡は見られない。生命はまだ陸を制してはいなかったから。

大虐殺というものはまだ生み出されておらず、地球の生命の脅威となるのは彗星や隕石だけだった。

ある意味では、すべての化石はタイムカプセルだ。見ることができない海岸、我々が存在する以前の長い時間のうちに失われてしまった海岸へいざなう。三葉虫の時代は想像もできないほど遠い過去だが、それでも比較的少ない努力で、過去を知らせるメッセンジャーを掘り出して、手に持つことができるのだ。その言語を学ぶことができれば、メッセージを読み解くことができる。

――『三葉虫（*Trilobites*）』リカルド・レヴィ＝セッティ

太古からの使節団

すべての化石の中で、アマチュアの収集家とプロの古生物学者の両方にもっとも人気のある化石の一つが三葉虫だ。

三葉虫は五億五〇〇〇万〜二億五〇〇〇万年前まで存在し、その三億年間で五〇〇〇属一万五〇〇〇種以上に進化したが、すべてが絶滅した（図4・1）。小さなアカンソプレウレラ（わずか一ミリメートル）から巨大なイソテルス・レックス（七〇センチメートルを超える）まで、さまざまな大きさの種がいた。三葉虫は多くの場所で比較的簡単に採集でき、ほぼあらゆる場所の旧古生代［訳注：古生代の前半部。カンブリア紀・オルドビス紀・シルル紀の総称］の地層（特にカンブリア紀の地層）にたい

▲図 4.1　三葉虫の復元図
生きていたときにはこういう姿をしていたと考えられる

へん豊富に含まれていることから、アマチュアの化石コレクションの中核をなすことが多い。驚くほど複雑な形態、精巧な装飾、奇妙な眼、そして多くの風変わりな構造。驚くような特徴が見られるため、三葉虫は多くの化石収集家を惹きつけてやまない。

人々が三葉虫に魅了されるのはなにも現代に限ったことではない。一万五〇〇〇年前よりはるか以前の岩陰遺跡からは、彫って魔よけにしたシルル紀の三葉虫が見つかっている。オーストラリアの先住民は、チャートに保存されているカンブリア紀の三葉虫を遠くから運んできて、削って道具にした。

ユート族はユタ州ハウスレンジのエ

ルラシア・キンギというありふれた三葉虫を彫ってお守りにしていた。彼らは三葉虫を「timpe khanitza pachavee（石の家にすむ水生昆虫）」と呼んでいた。この地域ではエルラシア・キンギがあまりにも豊富なため、現在は油圧ショベルを使って商業的に採集されているほどで、世界中のほぼすべての石屋や化石ディーラーに大量に卸されている。

さらに重要なのは、三葉虫が地球で最初の殻を持つ大きな動物だったということである。類縁の遺伝的分岐年代から、カンブリア紀の最初期には軟体の三葉虫が存在し、アトダバニアン（初期カンブリア紀のステージ3）になって鉱化した殻を発達させたという証拠がふんだんに得られている（図3・4参照）。おそらくこれは、大気の酸素濃度がついに十分高くなり、殻の中で方解石を結晶化させることが可能になったからなのだろう。三葉虫以前の生物は、硬いパーツや殻を持たない軟体の生き物か、微小な目立たない殻を持つ生き物だった（第2章、第3章）。そのため、分解されず保存に適した条件が整っている環境でのみ化石になった（第5章）。

三葉虫はキチンからなる大型で複雑な殻を持つだけではなく（カニ、ロブスター、エビ、昆虫、クモ、サソリ、またそのほかすべての節足動物もキチンでできた外骨格を持つ）、比較的軟らかくて簡単に分解される殻が方解石という鉱物の層で強化されていた。鉱化した殻を持つ数少ないグループの一つだったため、カンブリア紀のほかの生物よりもはるかに化石になりやすかった。したがって、化石記録ではアトダバニアンの硬い殻に覆われた三葉虫の出現が誇張されており、トモシアンとアトダバニアンの間に生命の「カンブリア爆発」があったというまちがった印象を与えている（図3・4参照）。生命が「爆発的」に増えたのではなく、増えたのは鉱化した骨格を持つ動物だった。

カンブリア紀の後期の堆積物に化石化しやすい三葉虫が豊富に含まれていることから、六五科三〇〇属以上が認められており、その時代から見つかっているほかのすべての化石グループを完全に圧倒している。カンブリア紀の堆積物であれば、含まれている化石の大半はおおむね三葉虫なので、古生物学者はカンブリア紀の年代を知るために三葉虫の進化のステージを利用している。

三葉虫とは何か

三葉虫はすでに知られているなかで最古の化石化した節足動物だ。節足動物門は昆虫やクモ、サソリ、甲殻類やさまざまな生物を含む門で（第5章）、三葉虫にはこの門のすべての特徴が明確に見られる。三葉虫もすべての節足動物と同様に、節に分かれた外骨格を持ち、脱皮の際に脱ぎ落としたため、その化石は完全な動物そのものではなく不完全な脱皮殻のパーツであることが多く、殻を脱ぎ捨てたあとも生きつづけ、また脱皮した可能性が高い。しかし、ほかの多くの節足動物の場合とは異なり、キチン質の外骨格は鉱化した方解石で補強されているため、昆虫やクモ、サソリや多くの甲殻類よりもはるかに化石化しやすかった。

ほとんどの節足動物の頭は頭部（英語のcephalonはギリシャ語で「頭」の意）と呼ばれる（図4・2A）。三葉虫の頭部はたいてい幅の広い構造で、頭鞍《とうあん》と呼ばれる中葉（鼻）の両側に二つの頰がある。また、頭鞍の両側にはたいてい二つの眼がある。眼が小さくて限られた視力しか持たない種類や、眼がなくて見ることができなかった種類もいたが、ぐるりと配置された巨大な眼を持ち、視界が三六〇度あって、どんな捕食者でも見つけられる種類もいた。進化した三葉虫の多くは、二つの方解石の結晶でできたレンズを持ち、厚みのあるレンズの球面収差を補正するダブレットレンズになっていた。三葉虫がこのような機能を進化させてからおよそ四億年後、十七世紀にオランダの偉大な科学者クリスティアーン・ホイヘンスがそれと同じものを再発明した。また、さらに重要なのは、おそらく三葉虫は真の眼を持つ地球上で初の生物であり、食物を探したり捕食者を避けたりするのに視覚的な手がかりをはじめて使用したことだ。

脱皮の際に頭部の中央（頭蓋）から頰が取れるため、ほとんどの化石は頭部の中央のみからなる。頭蓋があれば、優れた三葉虫の専門家なら種を同定できることが多い。眼や頭鞍、頰の形、頭部の端の棘などの細部にさまざまな特徴が見られる。保存状態が良好な標本の前面には二つの触角があり、薄暗い泥水の中を進む際に使用していた。底面には口を部分的に覆う板があり、口の部分を使って食物が豊富な泥を吸って中の栄養を消化していた（図4・2BとC）。たいていの三葉虫は堆積物を食べ

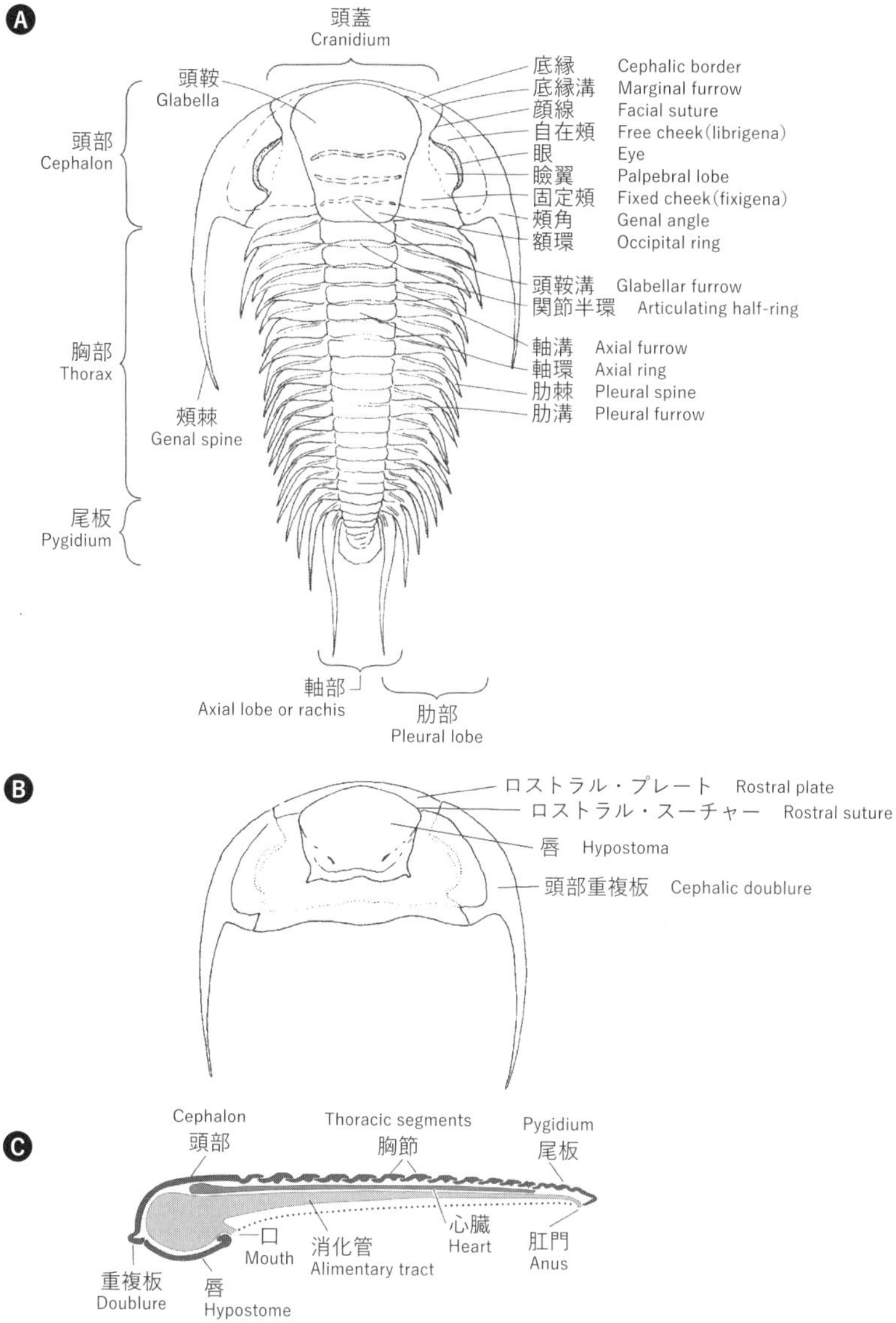

▲図 4.2　三葉虫の基本的な構造

A：完全な外骨格の上面図

B：頭部の下面図

C：軸で切った断面図。骨格部分は黒で示されているて生活したり、泥を掘って生活したりしていた。

三葉虫の体の真ん中の部分は、ほかのほとんどの節足動物と同様に胸部と呼ばれる。三葉虫の場合、胸部は節に分かれており、移動する際に体の中央部分を曲げたり、身を守るために丸くなったりすることができた。それぞれの体節には、両側に二つの葉または房があり（側葉）、中央に軸が一本走っている（中葉）。体が三つの葉に分かれているため、三葉虫と呼ばれる。なかには胸節がたった二、三個しかない種類もいたが、そうした種は柔軟性があまりなく、ほぼ常に平らな状態だったのだろう。ほかの三葉虫には多くの節があり、今日のダンゴムシやワラジムシなど甲殻類のワラジムシ目のように、捕食者から身を守るためにしっかり丸まって球状になることができた。保存状態が良好な化石には、それぞれの胸節の下に一対の歩脚が見られ、それぞれの脚の付け根には一対の羽根のような鰓《えら》がついている。

多くの節足動物とは違って、三葉虫の尾の部分は腹部と呼ばず、尾板（英語ではpygidium、ギリシャ語で「短い尾」の意）と呼ぶ。ほとんどの場合、最後の数個の胸節が融合して一つの大きな板状の尾板になっている。だが、オレネルス類はまったく違うのだ。

オレネルスと最初の三葉虫

三葉虫を見わける鑑識眼を身につけたら、もっとも簡単に見わけられる種類の一つがオレネルスだ（図4・3）。オレネルスはほかでもないあの先駆け的なカンブリア紀の専門家チャールズ・ドゥーリトル・ウォルコット（第1章）によって一九一〇年に命名され、詳しく研究された。

オレネルスのもっとも際だった特徴は、胸部の最後の数節が融合して一つの尾板を形成していないことだ。そのかわりに尾には長い棘がある。これは非常に原始的な特徴の一つだ。それもそのはず、オレネルスは知られているなかで最古の三葉虫なのである。

尾板の欠如以外にも、オレネルスには独特な特徴や原始的な特徴が多く見られる。頭部が大きく、大文字のDのような形をしている。脱皮の際に頭蓋から頬が離れる縫合線、つまりクレニアル・スーチャーが頭部のてっぺんにない。溝のある頭鞍の両サイドを三日月形の大きな二つの眼が包んでいて、頭鞍の正面の先には球根状のこぶがある。ほとんどの昆虫やほかの多くの節足動物に見られる典型的な複眼のように、オレネルスの眼は方解石の細長い棒からなる小さなレンズをたくさん束ねた単純なものだ。その眼では鮮明な画像は得られなかったはずだが、光と闇の大まかな範囲が見えたり、近くでうごめくものに警戒することができたりしただろう。

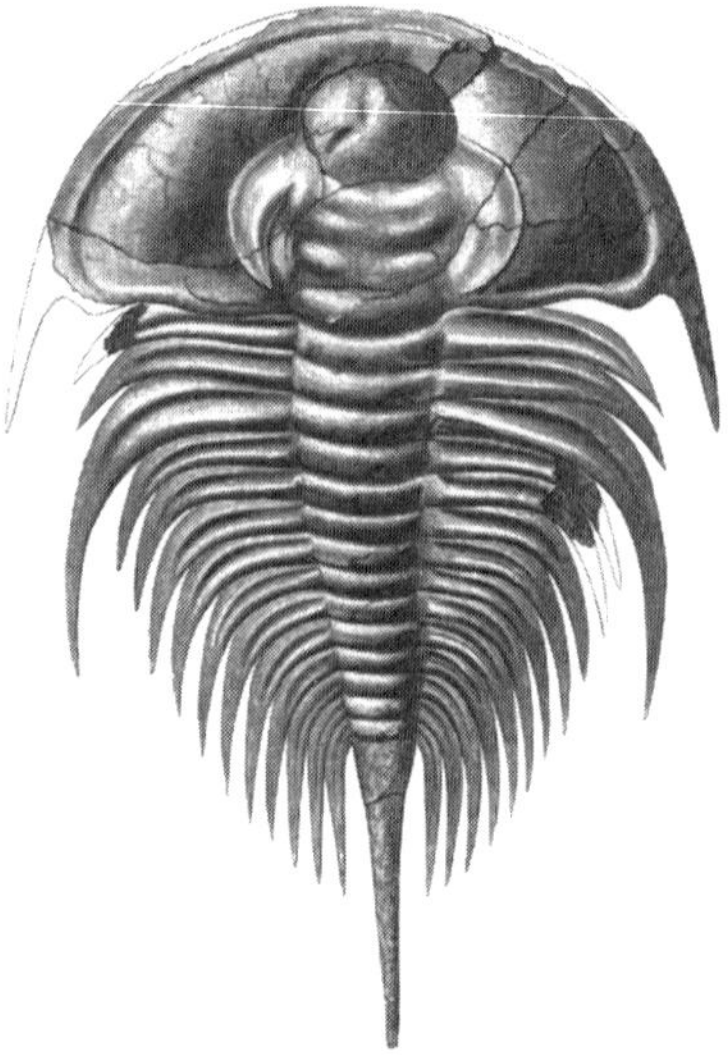

▲図 4.3　オレネルスの標本
特徴的なD形の頭部、頭鞍にある球根状のこぶ、大きな三日月形の複眼、頭部の先と特定の胸節にある棘が示されているが、大きな融合した尾板はない

カナダのバージェス頁岩や中国の帽天山《マオタンシャン》頁岩に保存された動物群〔澄江《チェンジャン》動物群〕のような、たぐいまれなカンブリア紀の動物相の研究から、この時代には大型の捕食者がほとんど存在しなかったことがわかっている（第5章）。最大の捕食者は長さが一メートルのアノマロカリスだったようだ。それが発見された中期カンブリア紀のバージェス頁岩からは、アノマロカリスが三葉虫をかじっていたことをはっきり示す化石が見つかっている。だが、古生代の後のほうに比べると捕食圧は大きくはなく、カンブリア紀の三葉虫は比

較的シンプルで特殊化していなかった。オルドビス紀になるまで、長さが六メートルを超える殻を持つオウムガイ類のような恐ろしい捕食者は現れなかった。その時代になってやっと、三葉虫はより手強い捕食者に対する防御策として、掘ったり、泳いだり、ボールのように丸まったりするのに特殊化した特徴的な殻を進化させた。

オレネルスのもう一つの目立つ特徴は、殻の縁が非常にとがっていることだ。たいてい頭部の後方の角から棘（頬棘）がつき出ている。胸節から幅の広い棘が出ているものも多く、たいてい三番目の節からは後ろ向きにつき出ている。なかには、頭部の前面にも棘が生えているものもある。古生物学者はこれらの棘を使ってオレネルス類の属や種を見わけることが多い。

オレネルス類は初期カンブリア紀のアトダバニアン（約五億二〇〇〇万年前）に出現し、複数の属や種に繁栄して、アトダバニアンとそれに続くボトミアンには、世界中のほぼすべての場所で見られた。そして、トヨニアンの末（約五億九〇〇〇万年前）に姿を消した。カンザス大学のブルース・リーバーマンは、数千のオレネルス類の標本を分析し、その祖先が出現したのは現在のロシア西部またはシベリアで、時代はカンブリア紀のはじめだったが、ほかの三葉虫と同様に、アトダバニアンまで石灰化したり化石化したりすることがなかったと結論づけた。

三葉虫に何が起こったのか

それ以降の古生代の間中、三葉虫は一連の絶滅事件で打撃を受けつづけた（図4・4）。それにはカンブリア紀の後期に起こった複数の小さな絶滅事件も含まれ、断続的に次から次へと災難に見舞われて三葉虫の多様性は失われた。

オルドビス紀には大きな捕食者（おそらく巨大なオウムガイ類）にはじめて遭遇した。三葉虫は迅速にさらに特殊化して、見わけやすくなった。捕食者に攻撃されにくいさまざまな形態や生活様式にすぐに適応したからだ。そうした適応は掘ること（アサフス目やイレヌス目として知られる、つるりとした「除雪車」のような三葉虫）や球形に丸まること（カリメネ目）、小さくなること（「レースの襟」を持つ、親指の爪くらいのサイズのクリプトリトゥスなどのトリヌクレウス目）などがあった。そして、オルドビス紀末の大量絶滅（約四億五〇〇〇万年前）を経験し、少数の系統だけがシルル紀とデボン紀まで生きのびた。

三葉虫の最後の繁栄はデボン紀に起こった。複雑な眼を持つファコプス目がよく見られ、テラタスピス（約五〇センチメートル）などのトゲトゲした大型のものもいた。デボン紀末の大量絶滅（三億七五〇〇万年前と三億五七〇〇万年前）では、一つの目を残してすべての三葉虫が絶滅した。生き

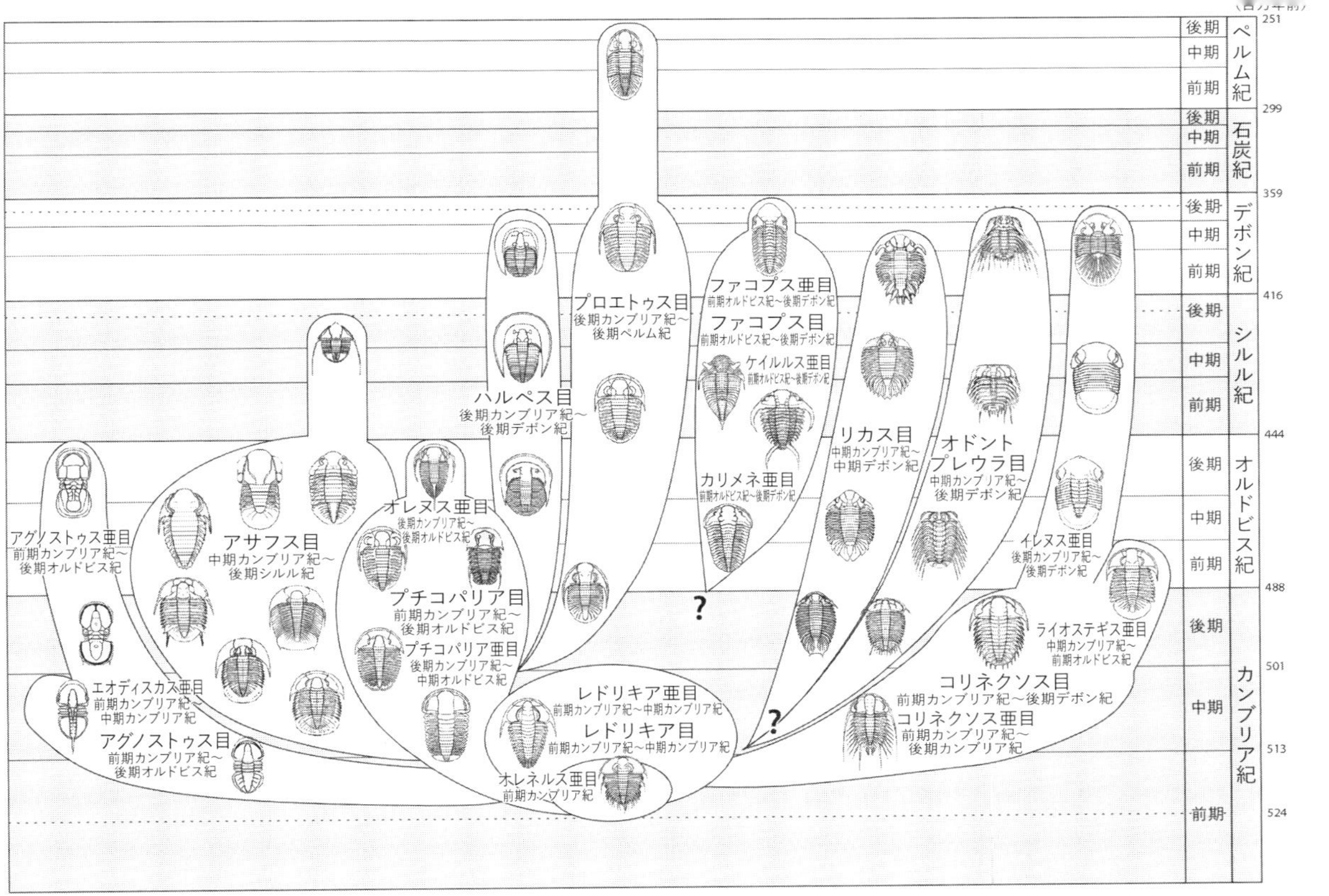

▲図 4.4　三葉虫の多様化と絶滅

残ったのは比較的小さくシンプルなプロエトゥス目で、それから一億二五〇〇万年間ひっそりと生きのびた。

そしてついに、三葉虫はペルム紀末の大量絶滅で姿を消した。その出来事はおよそ二億五〇〇〇万年前に起こった地球史上最大の大量絶滅で、全海洋生物のじつに九五パーセントが消滅した。三葉虫の最後の敗残兵が姿を消しただけではなく、古生代のサンゴの二つの主要なグループ（床板《しょうばん》サンゴと四射《ししゃ》サンゴ）やウミツボミ（ウミユリの類縁）、そしてフズリナ（米粒のような形の殻を持つ、大量に存在した原生動物）も姿を消した。この究極の大量絶滅がいったい何によって引き起こされたのかいまだに議論はつきないが、最近のデータからは、シベリア洪水玄武岩という地質史で最大の火山噴火によって、あまりにも急速に温室気候が引き起こされ、多くの生命を維持できないほど海が熱くかつ酸性になり、大気には二酸化炭素が供給されすぎて、酸素が足りなくなったことが示唆されている。こうした出来事や大惨事によって、ほんの数パーセントを残して、地球の生命はすべて破壊されたのだった。

自分の目で確かめよう！

三葉虫は多くの博物館に展示されているが、オレネルス類の完全な標本が展示されているところは少ない。デンバー自然科学博物館やシカゴのフィールド自然史博物館、マディソンのウィスコンシン大学地質学博物館、ワシントンD.C.にあるスミソニアン博物館群の一つの国立自然史博物館などでよい標本を見ることができる。

オレネルス類は世界中のいくつかの場所ではたくさん産出されるので、自分で簡単に採集できる。ここではアクセスしやすいアメリカの有名産地を三か所あげる。ほかの場所については化石採集のガイドブックやウェブサイトで調べてみよう。

●カリフォルニア州マーブルキャニオン

州間高速道路40号線（東西どちらからでも）を78番出口（ケルベイカー・ロード）で下りる。南へ約1・5キロメートル進み、三差路を左（東）に曲がってナショナルトレイルズ・ハイウェイ（旧国道66号線）を進み、チェンブレスというゴーストタウンを通り過ぎる。南東に曲がってカーディスに向かう。舗装道路が真東に曲がった後、その舗装道路が真南に曲がり、ちょうど線路と交差しようとするときに左に折れ、真北に向かう舗装されていない道を進む。舗装されていない道を北に約1・5キロメートル進むと、よく使われているが舗装されていない東西に走る道と合流するので、その道を東に曲がる。約800メートル進むと、北東に向かって古い採石場に続く舗装されていない道が見える。その道をできるかぎり車で進んだあとは、車から降りて、崖を形成する灰色のチェンブレス石灰岩の下にあるレイサム頁岩（茶色の頁岩の層）まで坂道を歩いて登る。本格的なコレクターなら古いグローリー・ホールと呼ばれる露天掘りのあとを探し、大きめの頁岩の塊をひっくり返してみるとよい。状態のよいさまざまな大きさの三葉虫の頭部がたくさん見つかるはずだが、完全な全身が見つかるのは非常にまれだ。

《関連ウェブサイト》

Trilobites in the Marble Mountains, Mojave Desert, California（英語）

http://inyo.coffeecup.com/site/latham/latham.html

Trilobites of the Latham Shale,California（英語） http://www.trilobites.info/CA.htm

●カリフォルニア州ノパー・レンジ、エミグラント・パス

州間高速道路15号線をカリフォルニア州ベイカーで下りる。カリフォルニア州道127号線（デスバレー・ロード）を北に約77キロメートル進み、オールド・スパニッシュ・トレイルを右に曲がり、テコパを通ってエミグラント・パスに至る。道路の南側にある頂上のちょうど西側に露頭がある（GPS座標は35.8856N、116.0603W)。

《関連ウェブサイト》

Trilobites in the Nopah Range, Inyo County,California（英語）

http://inyo.coffeecup.com/site/cf/carfieldtrip.html

Ollenelid Trilobites at Emigrant Pass, Nopah Range, CA（英語）

http://donaldkenney.x10.mx/SITES/CANOPAH/CANOPAH.HTM

●ネバダ州リンカーン郡オークスプリングス・サミット

ネバダ州カリエンテから国道93号線を西に約16キロメートル進むか、ネバダ州道375号線と318号線（ハイコとアッシュスプリングスの間）の交差点から東に約53キロメートル進む。州道の北側にある脇道を探そう。Oak Springs Trilobite Site（オークスプリングス三葉虫サイト）と書かれた土地管理局の目立つ看板があるはずだ。北に曲がって舗装されていない道を進んで砂利の駐車場に車を止め、ヤマヨモギの茂みを越えて三葉虫トレイルを歩いて行くと、ピオッシュ頁岩の破片に覆われた平らな場所に着く。頁岩をひっくり返して調べれば、状態のよい頭部がたくさん見つかるはずだ。時折、時代も大きさもさまざまなよりよい標本も発見される。

《関連ウェブサイト》

Oak Spring Summit（英語） http://tyra-rex.com/collecting/oaksprings.html

第5章

節足動物の起源・ハルキゲニア

蠕虫類なのか節足動物なのか？

無脊椎動物は脊椎動物よりもはるかに種類が多い。最近の研究では、地球上の無脊椎動物の数は一〇〇〇万種に達するか、もしかしたらそれ以上と推測されている……。

また、無脊椎動物は体質量だけみても地球を支配している。

例えば、ブラジル、アマゾナス州のマナウスの近くにある熱帯雨林の場合、一ヘクタールに鳥類や哺乳類は数十しかいないが、無脊椎動物は一〇億種を優に超え、その大部分はダニ類とトビムシ類だ。乾燥させた動物の組織の重さは一ヘクタールあたりおよそ二〇〇キログラムになるが、その九三パーセントが無脊椎動物である。アリとシロアリだけでもこの生物量の三分の一を占める。

したがって、熱帯雨林を歩くとき、ついでに言えばほかのほとんどの陸の生息環境の場合でも、目にとまるのはたいてい脊椎動物かもしれないが、あなたが訪れているのはおもに無脊椎動物の世界なのである。

――「世界を治める小さなものたち（*The Little Things That Run the World*）」

エドワード・O・ウィルソン

バージェス頁岩の奇跡

世界でもっともすばらしい化石産地の一つはカナダ、ブリティッシュ・コロンビア州フィールドの近くのロッキー山脈にあるバージェス頁岩だ。この伝説的な場所は、一九〇九年の夏に、その地域で中期カンブリア紀（約五億五〇〇〇万年前）の岩石を調査していた古生物学の先駆者、チャールズ・ドゥーリトル・ウォルコット（第1章）によって偶然発見された。八月三十日、馬が小道に転がっていた大きな岩につまずいた。彼は馬から降りて、その厚い板状の岩をどけた。すると、下になっていた面が繊細な膜状の化石で覆われているではないか。彼はそれが斜面のどこから落ちてきたのかをつき止め、すぐに大規模な採掘作業を開始した（図1・4参照）。

一九二四年までウォルコットは、夏がくるごとにバージェス頁岩に舞いもどった。最終的にスミソニアン協会には六万五〇〇〇点以上もの標本コレクションができた。バージェス頁岩の化石はほぼすべてが軟体の動物のもので、中期カンブリア紀に海底の地すべりで埋まったものだった。ただ埋まっただけではなく、底水の酸素濃度が低かったようで、通常の腐食生物や分解者の活動が阻まれていた。その結果、化石記録ではほとんど見られない繊細な軟部組織がバージェス頁岩に保存されているのである。

だが、ウォルコットはスミソニアン協会の運営やほかの多くの責務を果たすのに忙しく、一九二七年に亡くなる前に、それらを表面的に記載するのがやっとだった。多くの化石は研究されないまま保管庫の引き出しにしまわれた。ウォルコットが実際に研究して発表した化石は、適切にクリーニングしたり、細部まで詳しく調べたりする時間がないまま記載され、節足動物や蠕虫《ぜんちゅう》類などのありふれたグループに分類された。

化石は数十年間そのまま放置された。そして、一九四九年に伝説的なイギリス人の三葉虫の専門家ハリー・ウィッティントンがハーバード大学の教授になった。すぐに彼は自分の研究室の保管庫の引き出しに、まだ調べられていない膨大なバージェス頁岩のコレクションがあることに気がついた。彼はイギリスにもどって、一九六六年にケンブリッジ大学の古生物学の教授職であるウッドワード教授職についたときに、バージェス頁岩の化石を調査する大規模なプロジェクトを開始した。ウィッティントンは学生を連れてウォルコットの採石場にもどり、新しい標本を数百点発掘した。また、彼らは化石の細部をクリーニングする際に、ウォルコットよりもはるかに注意を払って、彼が見逃した三次元構造を見るために表面の下も掘った。その後数年で彼ら（特に、節足動物のような生物に重点をおいたデリック・ブリッグスと、蠕虫類というがらくた箱のようなカテゴリーに詰めこまれた奇妙な生物を担当したサイモン・コンウェイ・モリス）は、ウォルコットがけっして気づかなかった画期的な発見をすることになった。

バージェス動物群を詳しく調べ、化石を立体的に掘り出してみると、その多くは地球上のどの動物のものとも異なる体制を持っていたことが判明した。例えば、オパビニアは額の真ん中に五つの眼を持ち、長い体は体節に分かれ、前方には採食のための掃除機のようなノズルがあった（図5・1）。最大の捕食者のアノマロカリスは一メートルを超え、分岐した長い摂食用付属肢を持ち、体は体節に分かれ、両側には遊泳用の「ひれ」があり、輪切りのパイナップルに似ているがカメラの絞りのように機能する口があった（ウォルコットはこれをクラゲとまちがえた）。ウィワクシアは小さなドーム型の生き物で、体から棘の列が生えていた。ディノミスクスは殻の硬いウミユリの軟体版のようだった。ウィッティントンとブリッグスとコンウェイ・モリスが指摘したように、こうした生物の多くはまったく新しい門に属するように見え、節足動物や蠕虫類といった現在あるグループに押しこむのは無理があった。

もちろん、このような変わりダネに加えて、完全にエビやほかの節足動物に似た軟体の動物も多かった。ほかのカンブリア紀の産地と同様に、中期カンブリア紀の三葉虫も豊富に含まれており、三

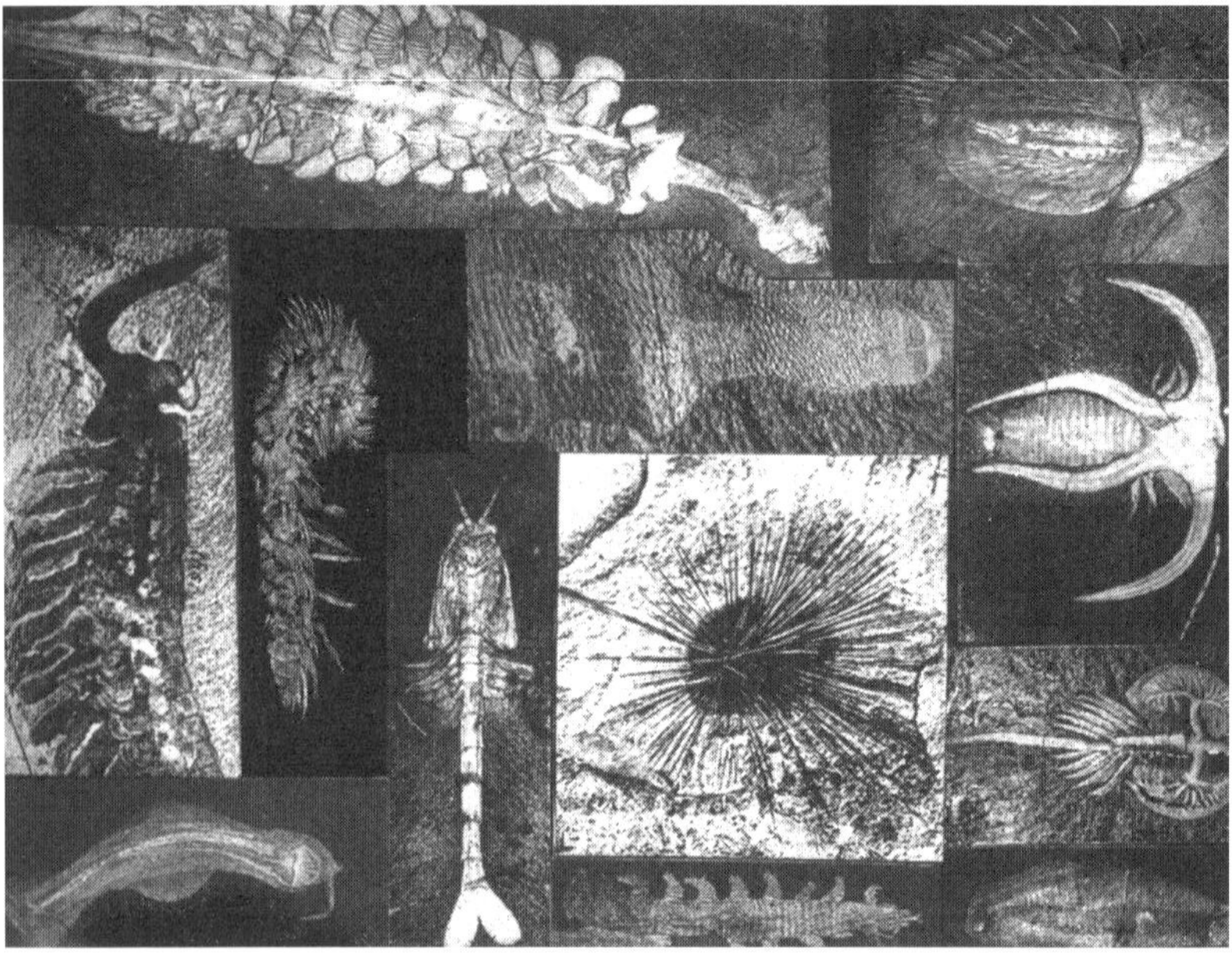

▲**図 5.1**　バージェス頁岩の化石
ノズルのような鼻のオパビニアも含まれている（左上と中段左）

葉虫はバージェス頁岩で唯一の硬い殻を持つ動物の化石だった。

しかし、三葉虫の存在は、たいていの化石産地がいかに硬い殻を持つ動物に偏っているかを示しており、カンブリア紀の化石記録が三葉虫にのみ豊富に残されていることを物語っている。

軟体の動物はめったに化石にならないため、もしバージェス頁岩や中国の帽天山《マオタンシャン》頁岩、グリーンランドのシリウス・パセットなどの保存状態が非常によい場所がなかったとしたら、知られざる体制を持つ、ありとあらゆる奇想天外な動物が太古の海底に生息していたことなど知るよしもなかっただろう。

一九八九年にスティーヴン・ジェイ・グールドが『ワンダフル・ライフ――バージェス頁岩と生物進化の物語』を出版し、ベストセラーになった。『ワンダフル・ライフ』では、おもにこの産地の驚くべき化石が描写され（一般読者にお披露目されるのはこれがはじめてだった）、ウィッティントンとブリッグスとコンウェイ・モリスの研究によって、それらの生物の生態に関するわたしたちの考えがどう変化したのかが詳しく説明されている。また、ウォルコットがこれらの絶滅した動物を現生の門に押しこもうとしたのは大きなまちがいだったことも指摘されている。カンブリア紀以降の生命の緩やかな展開・多様化・拡大のかわりに、バージェス頁岩がわたしたちに教えてくれたのは、中期カンブリア紀までに生命は形態や体制の数を最大限まで多様化させていたが、デボン紀の絶滅によって消し去られ、数少ない生存者（節足動物や軟体動物など）だけが残ったということだった。

グールドはさらに重要な点も指摘した。彼に言わせれば、バージェス頁岩は「偶発」の重要性を明確に示していた。つまり、生命の幸運なハプニングが、その後のすべての出来事の展開を決めるのだ。わたしたちが中期カンブリア紀の海を泳ぐあらゆる種類の奇妙な動物を見たとしよう。それらの奇想天外な生物の大半が実験的な動物で、カンブリア紀末までですら生きのびることができないなんて、誰が想像しえただろうか。そして、ピカイアというちっぽけな化石（第8章）がわたしたちの系統、つまり脊椎動物の代表であり、後に脊椎動物が（節足動物とともに）この惑星を支配することになるなど、誰が思っただろうか。

もし何かの事故で、脊椎動物がほとんどの実験的な生き物とともにカンブリア紀に消滅していたら、生命の歴史はどう展開していただろうか。まちがいなく恐竜はいなかったし、哺乳類も人類も存在しなかった。生命史のテープを再生するたびに、結果は違ったものになる。メキシコに落下した隕石によるランダムで予測不可能な影響や、六五〇〇万年前にインドで起こった大量の溶岩を噴出した噴火によって恐竜が絶滅しなかったとしたら、一億二〇〇〇万年間の恐竜時代よりも哺乳類が大型化することはなかったろうし、人類もここに存在しなかったはずだ。今日の世界は起こりそうにもない幸運なハプニングによるものであり、生命がどう進んでいくかという数百万通りのシナリオの一つなのだ。すべての生物は長期的な進化の不可避の結果ではなく、度重なる大量絶滅やランダムな出来事をたまたま生き抜いた先祖の子孫なのである。

この点について『ワンダフル・ライフ』では、ジェームズ・スチュアートとドナ・リードが主演するフランク・キャプラ監督のクリスマス映画の傑作「素晴らしき哉、人生！」と比較している。その映画は、スチュアートが演じるジョージ・ベイリーが、彼が生まれて来なかった場合に世界がどうなっていたのかを見るチャンスを与えられ、すべての人の人生や小さな出来事が予想外の結果をもたらすことを発見するというストーリーだ。

石の中の幻影

バージェス頁岩の中でもっとも奇妙で解釈するのが難しかった生物の中に、ウォルコットが多毛類のカナディアという属に分類した蠕虫がいた。ウォルコットが注意を払わなかった雑多な蠕虫類についてコンウェイ・モリスが研究を始めると、目を引く標本がいくつかあった（図5・2A）。長い胴体のようなものを持ち、たしかに蠕虫類のようにも見えるが、体の片側には真っ直ぐ生えた鋭い突起の対が列をなしており、反対側には脚や触手のように見える物体が一列に並んでいた。また、体の端には変色した球状の小さな塊があり、それは頭かもしれなかった——わかることはそのくらいだった。明らかにこの生物は、地球上のどの蠕虫類（絶滅したものも現生のものも含め）にも似ていなかった。コンウェイ・モリスはその生物を、体が対をなすとがった付属肢に支えられ、背面に触手が一列に並ぶ姿で復元した（図5・2B）。そして、一九七七年に彼はこの化石をハルキゲニアと命名しなおした。悪夢や幻覚（ハルシネーション）でしか見ることがないような生き物だったのだ。

だが、ほかの科学者たちは納得しなかった。この化石の正体は、より大きな動物の付属肢だと考える人もいた。それはすでにアノマロカリスで起こったことだった。アノマロカリスの口の前についている付属肢が、かつてはエビのような生物にまちがえられていたのである。しかし、ハルキゲニアは

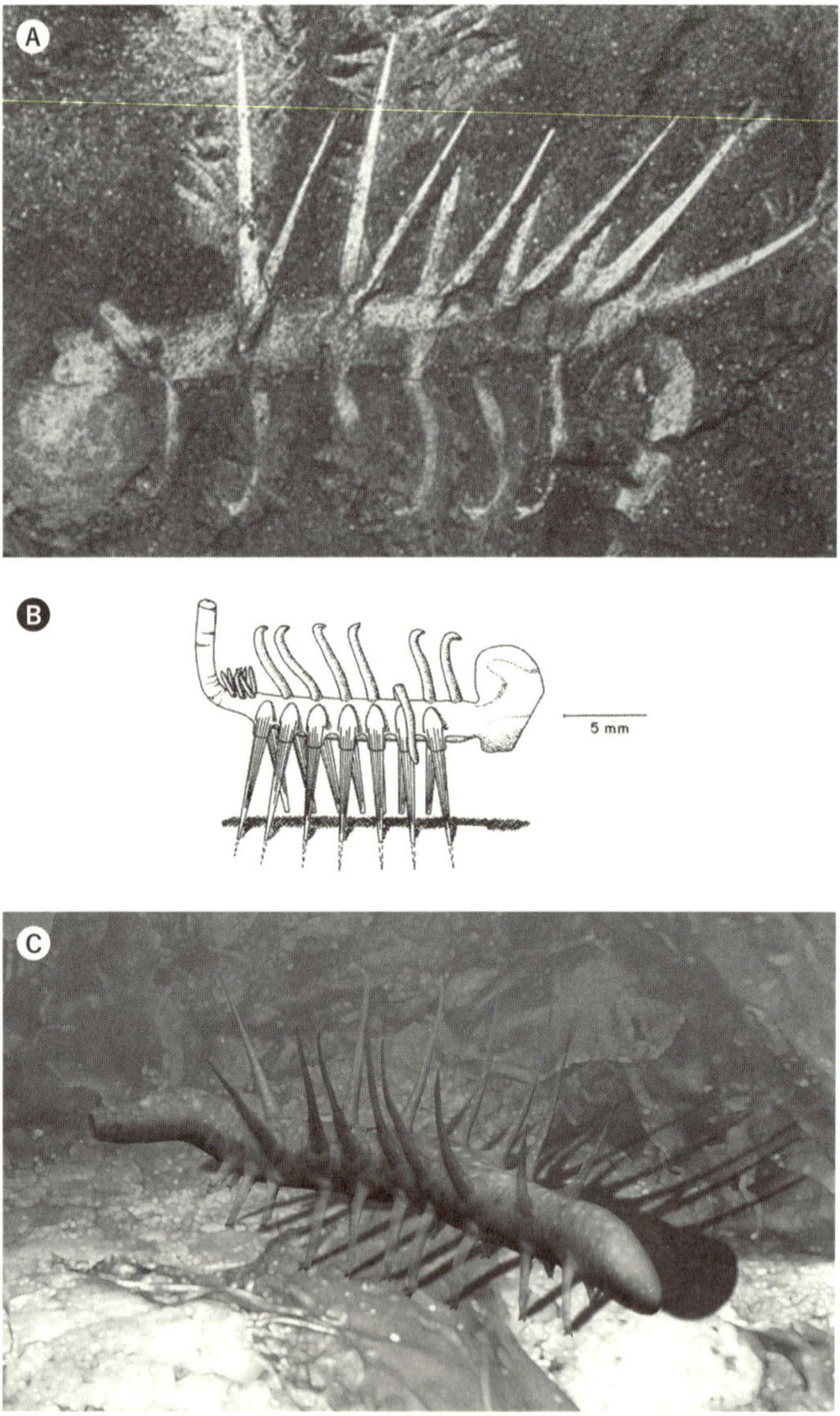

▲**図 5.2**　ハルキゲニアという蠕虫のような生物
A：バージェス頁岩の化石
B：オリジナルの復元図。棘が「脚」になっている
C：現在の復元図。棘が背中に生えている

葉足動物（ロボポディア）に属する生物だというのが有力な見解だった。葉足動物は海生の「脚を持つ蠕虫類」がごちゃごちゃ集まったがらくた箱のようなグループで、世界中の旧古生代の岩石から発見されている。

一九九一年にはラース・ラムスコルトとホウ・ジャンガンが、中国の帽天山頁岩（下部カンブリア系）から発見されたミクロディクティオンという別のハルキゲニア類を記載し発表した（図5・3B）。この標本はどのハルキゲニアの化石よりもはるかに保存状態が良好だった。するとあろうことか、コンウェイ・モリスによるハルキゲニアの復元は上下が逆だったことが判明した（図5・2C）。ミクロディクティオンの上部には、肩パットのような骨板が生えており、コンウェイ・モリスの復元でハルキゲニアの脚だとされたものは、実際は背中に生えた棘だった。彼の復元の背中にあるぐにゃっとした小さな触手こそが本当の脚で、期待通り対になっていた。さらに驚きだったのは、ミクロディクティオンの体に小さな装甲板が連なっていることだった。なんとそれは、以前から知られていた初期カンブリア紀の微小硬骨格化石群（ＳＳＦ）（第3章）の一つで、長らくどのような生物のものなのか不明だったのである。

ミクロディクティオンはハルキゲニアの向きを上下逆さまにしただけでなく、別の問題も解決した。それは、ハルキゲニア類の謎に満ちた起源だった。二つの動物を正しい向きに直してみると、葉足動物だということがわかり、カンブリア紀の海底にはそうした生物が多くいたことが明らかになった。

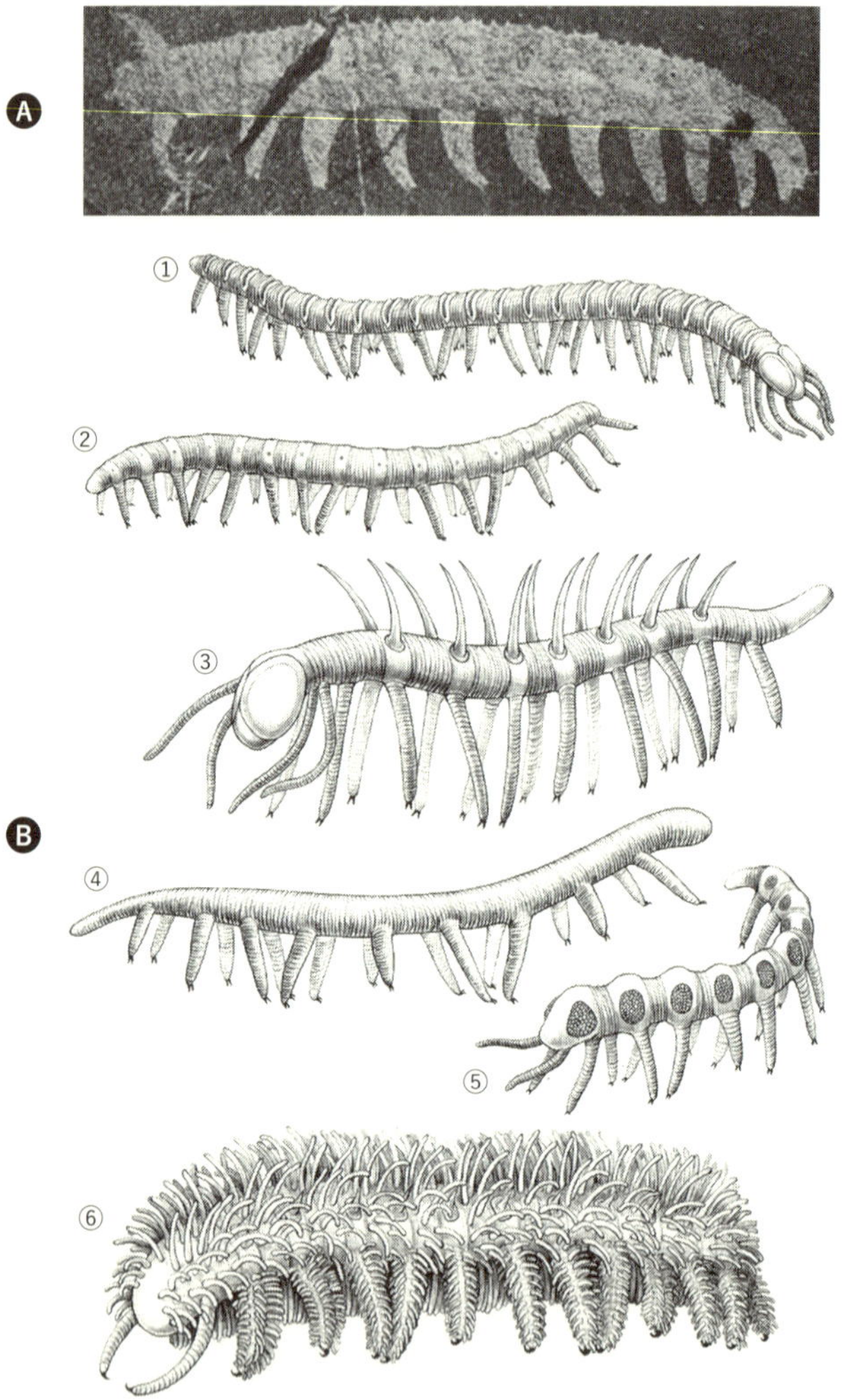

▲**図 5.3**　有爪《ゆうそう》動物と葉足動物

A：アイシュアイアというバージェス頁岩の化石。原始的な有爪動物

B：いくつかの葉足動物の化石の復元図

①カーディオディクティオン　④パウキポディア

②ルーリシャニア　⑤ミクロディクティオン

③ハルキゲニア　⑥オニコディクティオン

実際、バージェス動物群では、さらに保存状態が良好で、葉足動物であることがたしかな生物がすでに知られていた。アイシュアイアである（図5・3A）。そして、さらに保存状態が良好な標本によって、葉足動物の正体もついに解明された。葉足動物はジャングルを這いまわるカギムシという現生グループの古代の類縁だった。

節足動物とは何か

昆虫やクモ、サソリ、エビ、カニ、フジツボ、カブトガニ、そして三葉虫は、地球上で最大の門に属する。それは節足動物門である（英語の Arthropoda はギリシャ語の arthros〈節〉と podos〈足または付属肢〉に由来する）。どのような基準に照らし合わせても、節足動物は今まで、そしてこれからもずっと、地球上で支配的な動物だろう――この惑星の支配者は自分たちだと人間は考えたがるが。節足動物は一〇〇万種を超え（数えられていないものがおそらくまだまだたくさんある）、およそ一四〇万種ある動物種（その数は絶え間なく増えつづけている）の七〇パーセント以上を占める（図5・4）。昆虫は約九〇万種存在し、甲虫類だけでも三四万種にのぼる。偉大な生物学者J・B・S・ホールデンが、生物学の知識で創造主について何がわかったかと聞かれたとき、「神様は甲虫をかなり溺

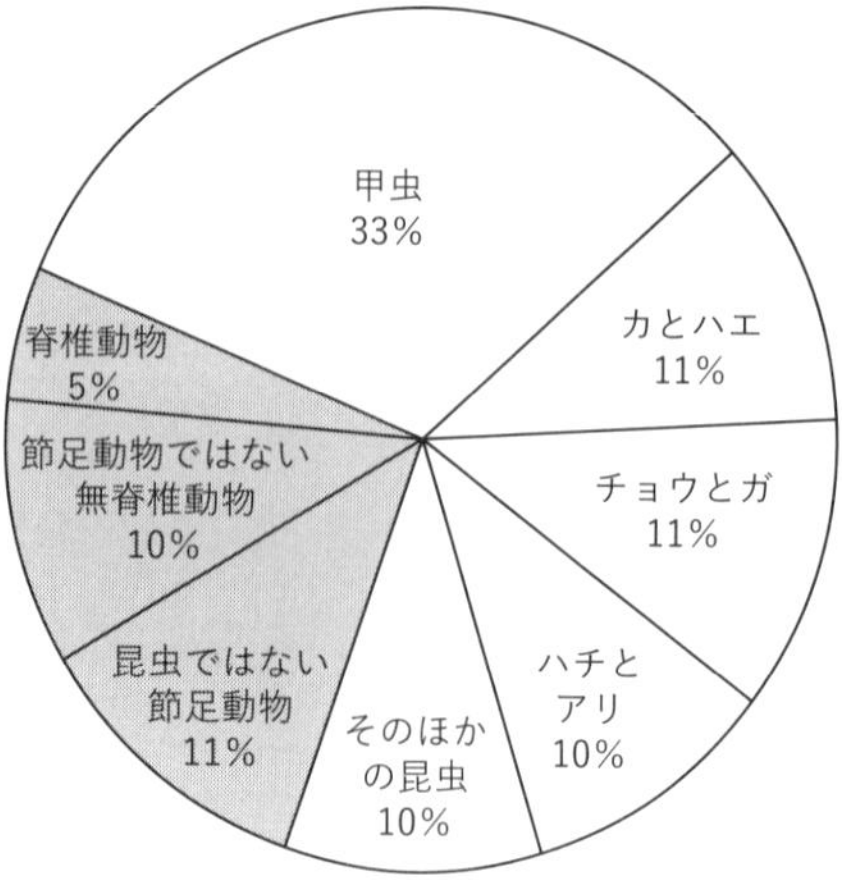

▲図 5.4　動物種の多様性。節足動物、特に昆虫が優勢

愛していたにちがいない」と答えたという。

一方、わたしたちが属する脊索動物門は四万五〇〇〇種以下で、その半数以上が魚類だ。哺乳類はかろうじて四〇〇〇種を超える程度しかいない。

もしかしたら読者のみなさんは今話した節足動物の種の多様性に感動しなかったかもしれない。では、個体数ならどうだろうか。

節足動物は条件が整っていれば、ものすごい速さで繁殖することで有名で、驚異的な数に増える。イナゴの軍勢、アブラムシが植物を覆ってしまうスピード、巣にいるアリやシロアリの膨大な個体数などを思い浮かべてほしい。じゃまが入らなければ二匹のゴキブリからたった七か月で、なんと一六四〇億匹に増えてしまう。熱帯では数エーカーの土地に、鳥類や哺乳類は数十しかいないが、ダニや甲虫、ハチ、ガ、ハエなどの節足動物は一〇億匹を超える。

一つのアリの巣には一〇〇万匹の個体がいる可能性がある。海で生物がもっとも豊富な場所では、一立方メートルの海水中に、プランクトン生活を送る小さな節足動物（エビ、カイアシ類、オキアミ、貝虫《かいむし》）が数百万匹存在する。

また、節足動物の適応力は凄まじく、地球上のほぼすべての生態的地位を占めることができる。体が大きいものにしか果たせない生態的地位以外なら何でもだ。飛ぶもの、淡水や海水にすむもの、氷点下から沸騰するような熱さまで極端な温度に耐えられるもの、ほかの生物の外側や内側に寄生するもの。この適応力の鍵を握るのは体のつくりである。節足動物はモジュール式の生き物で、たくさんの体節からできており、簡単に節を加えたり、取ったり、形態を改変したりすることができるのだ。それぞれの体節には一対の関節肢があり、口や脚、触角、ハサミ、櫂のような付属肢、翅、そのほか多くの構造につくりかえることができる。

さらに、節足動物の大きな特徴は、脊椎動物のように内骨格が筋肉に覆われているのではなく、外側に殻または外骨格を持ち、筋肉と軟部組織が内側にあることだ。外骨格にはたくさんの利点がある。捕食者からの保護や、防水カバーの役割を果たし、節足動物が海から陸に移ることを可能にした。しかし、硬い殻は成長しないので、時々脱皮して、外骨格を破り捨て、少し大きな新しい外骨格をつくらなければならない。脱皮後しばらくは軟らかく、外骨格に支えられていない状態になる。

脱皮は節足動物にとってきわめて重要な制約だ。最大の強みにも弱点にもなる。例えば、多くの昆虫は脱皮によって体の形を完全に変えることができる。その典型が毛虫やイモムシで、まず蛹になり、その後に毛虫やイモムシとは完全に形が異なるチョウやガに変態する。

また、脱皮は体の大きさに影響を与える。節足動物はある大きさに達すると、それ以上成長することができないのだ。もしそれ以上大きくなってしまえば、重力で強く引っ張られるので、脱皮の際にゼリーのように崩れてしまう。このため、翼開長が一メートルあるメガネウラというトンボや、長さが三メートルのアースロプレウラというヤスデに似た生物よりも大きな陸生の節足動物は今まで存在しなかった。海生の節足動物の体は水に支えられているため、陸生のものよりもわずかに大きくなることができるものの、キングクラブ（タラバガニなど）や三メートルに達したシルル紀の巨大なウミサソリよりも大きなものはいない。今度みなさんが、巨大なアリやカマキリが出てくるB級ホラー映画を観ることがあれば、きっと噴き出してしまうだろう。そのような生物は生物学的にありえないのだ。悲しいかな、それに気づくだけの科学的知識を持つ脚本家はほとんどいない。

カギムシと節足動物

たいていの人は生まれてこのかたカギムシを見たことがないはずだ――南半球の熱帯雨林にすんで

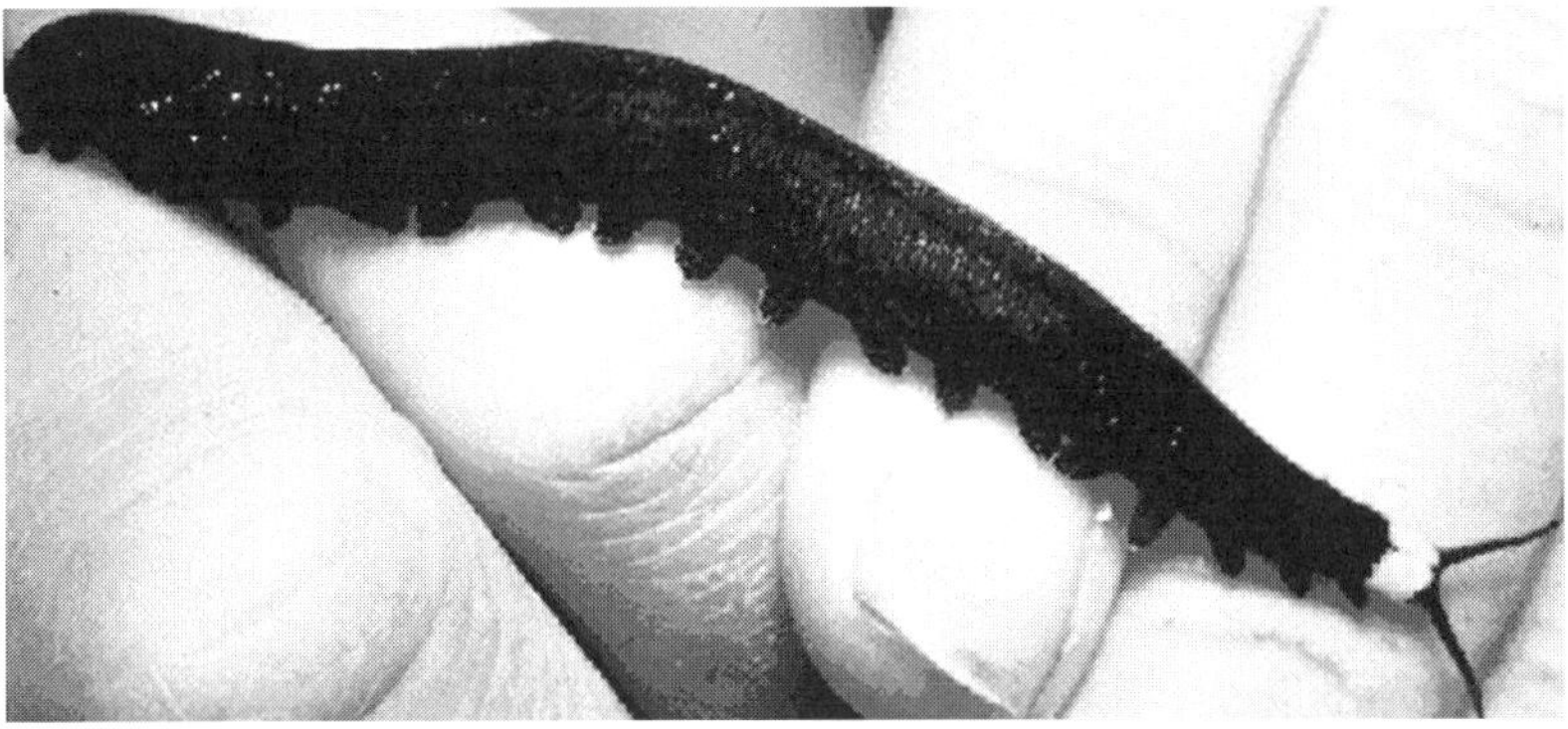

▲**図 5.5**　有爪動物

いて、夜に朽ちた落ち葉の下をくまなく探しまわる習慣でもないかぎり（図5・5）。それにもかかわらず、こうした小さな動物のためだけの有爪《ゆうそう》動物という門がある。カギムシはアフリカや南アメリカや東南アジアなどの森に約一八〇種すんでいる。小さなもの（〇・五センチメートル）がほとんどだが、二〇センチメートルに達するものもいる。

カギムシはなんとなく毛虫やイモムシに似ている。蠕虫類のような長い体の下に短くぽこっとした脚が二列並び、多くの昆虫やそのほかの節足動物のように、各脚の先端に硬い鉤爪がある。頭部には口があって、節足動物と同じように一対の触角がある（蠕虫類は違う）。カギムシの単眼は節足動物の中央単眼に似たもので、いくらか結像する能力はあるが、生息する暗い湿った世界では優れた視力は必要とされない。

カギムシは待ち伏せする捕食者で、落ち葉の中にいる小さな昆虫やヤスデ、カタツムリ、蠕虫類などを食べる。ほとんどの場合、空気の流れの微かな変化で餌となる生物を感知する。しなやかな身のこなしで獲物に忍び寄り、やさしく数回さわって、小さくて自分の餌になりそうか、それとも大きくて自分を捕食する可能性があるかどうかを見きわめる。もし食べられそうなら、獲物をとらえて押さえこむために体にそった粘液腺から不快なねばねばしたものを生成する。この粘液はカギムシを捕食しようとする生物にとっては、まずく感じるものでもある。いったん獲物を攻撃したら、たとえ逃げだしたとしても執拗に見つけだす。そして、獲物を捕まえるとすぐに強い顎で殺して、粘液の酵素が獲物の内臓を溶かして消化できるようになるのを待つ。

カギムシには節足動物のような硬いキチン質の殻はないが、真皮と表皮の薄い皮膚があり、その体は（ほとんどの蠕虫類と同じように）内側を満たしている液体の水圧によって支えられている。皮膚がしなやかなので、捕食者から身を守るために小さな割れ目に潜りこむことができる。また、この掘る戦略は乾燥からも身を守ってくれる。土があれば掘って潜りこむのだ。皮膚は数百本の柔らかい繊維のような短い毛で覆われているため、見た目も手ざわりもベルベットに似ている［訳注：そのため英語では「velvet worm（ベルベット・ワーム）」と呼ばれている］。体が非常に小さいので、皮膚を通じた拡散によって多くのガス交換を行う。皮膚にあるシンプルな気管が呼吸器官の役目を果たしているが、気管は開きっぱなしなので（節足動物は気管を閉じることができるので異なる）、乾燥しないでいられる湿った熱帯に生息地が限られている。

いろいろな意味でカギムシは平凡な生物に思える。だが生殖に話が及ぶとそうでもない。多くの種が体内で卵を孵化し、生きた子を産む。また、雄の頭部にある特別な構造に精子が蓄えられている種もいて、精子を移すために雄は雌の膣に頭を挿入する。

門の間の大進化

なぜカギムシが興味深くかつ重要なのだろうか。それは、蠕虫類と節足動物の完璧な移行型だからだ。蠕虫類のような長く軟らかい体を持つと同時に、節足動物のような進化した特徴を多く備える。例えば、部分的な体節制、節足動物のような眼と触角、毛虫やイモムシに似た太くて短い脚の先にある鉤のような「爪」など、形態上の類似性が見られる。

さらに重要なのは、成長するために脱皮が必要なことだろう。カギムシはこの特徴を節足動物とそのほか少数の無脊椎動物のグループと共有している——緩歩《かんぽ》動物（クマムシ）や回虫（線形動物）や別の数種類の蠕虫類などだ。この特徴は多くの動物の発生と体制においてたいへん基礎的なものであり、それらが類縁である強い証拠となっている。実際、脱皮をする動物（節足動物、有爪動物、線形動物、緩歩動物など）をすべて含むこの大きな一群は脱皮動物と呼ばれている。それだけでは不十分とでもいうかのように、動物のＤＮＡやほかの分子系統が近年詳しく研究されてきた。案の定、脱皮動物は特有のＤＮＡ配列やほかの分子の類似点を互いに共有しており、類縁であることが確かめられている。

原始的な節足動物と葉足動物の小さな骨板が、アトダバニアンで「カンブリア爆発」が起こるはるか以前の初期カンブリア紀の二つの時代（ネマキット・ダルディニアンとトモシアン）の地層から見つかっている。しかし、節足動物が繁栄した一方で（最初にカンブリア紀に三葉虫が繁栄し、シルル紀までに最初のヤスデやサソリや昆虫が陸上で繁栄した）、葉足動物はデボン紀に姿を消してしまった。だが消えゆくどこかの時点で、その子孫であるカギムシが陸に這い上がった。体が軟らかくて化石になるチャンスはほとんどなかったが、石炭紀のイリオデスというカギムシが、彼らが三億六〇〇〇万年前までに陸に生息していたことを証明している。それからというもの、カギムシはこの惑星で生きのびてきた——ひっそりと、ジャングルで。

自分の目で確かめよう！

バージェス動物群の化石産地はブリティッシュ・コロンビア州のヨーホー国立公園内にあり、どの道路からもかなり歩かないとたどり着けず、調査をする資格のある研究者にだけ開かれている。だが、バージェス動物群の化石を展示する博物館はいくつかある。

シカゴのフィールド自然史博物館では、バージェス動物群が生息するカンブリア紀の水中の様子を示すコンピューターアニメーションが三つのスクリーンに映し出され、ピカイアが泳ぐ姿や、ハルキゲニアとウィワクシアが歩く姿、オパビニアがオットイアという蠕虫状の鰓曳《えらひき》動物を捕まえようとする様子、マーレラの群れ、そしてアノマロカリスが三葉虫を捕まえるところが見られる。スクリーンの下には説明のプレートと24の化石が展示されている。

アメリカではほかに、デンバー自然科学博物館やマディソンのウィスコンシン大学地質学博物館、ノーマンにあるオクラホマ州立大学のサム・ノーブル・オクラホマ自然史博物館、ワシントンD.C.にあるスミソニアン博物館群の一つの国立自然史博物館などで見られる。

カナダでは、オンタリオ州オタワのカナダ自然博物館とトロントのロイヤルオンタリオ博物館、アルバータ州ドラムヘラーのロイヤル・ティレル古生物学博物館にバージェス動物群の化石コレクションが所蔵されている。

ヨーロッパではイギリスのケンブリッジ大学のセジウィック地球科学博物館と、オーストリアのウィーン自然史博物館で見ることができる。

第6章　軟体動物の起源・ピリナ

蠕虫類なのか軟体動物なのか？

無脊椎動物の中で、体の大きさや動くスピードや知性などを競う競技があるとしたら、金メダルと銀メダルのほとんどはイカとタコが取るだろう。だが軟体動物門を、一〇万種以上が記載された、動物界で二番目に大きな門にしているのは、そうした派手な優勝者たちではない。軟体動物門にその栄誉がもたらされたのは、主としてゆっくりと着実に動くカタツムリやナメクジのおかげであり、さらに動きの遅いハマグリやカキの助けもややあってのことだ。Mollusca（軟体動物門）という名前は「軟らかい体」を意味し、柔らかくジューシーな肉はほかのどの無脊椎動物よりも人間に広く好まれている。

しかし、軟体動物の多くは硬い殻を持つことで有名だ。ゆっくり動く弱々しい動物が潜在的な捕食者から身を守るために硬い殻が分泌される。皮肉にも、殻の美しさとその価値故に、多くの軟体動物は人間に熱心にとられ、絶滅寸前の場合さえある。

――『背骨のない動物たち（*Animals Without Backbones*）』
ラルフ・バックスバウムとミルドレッド・バックスバウム

ミッシングリンク発見

化石記録には移行を示すみごとな連続が豊富にある。例えば、四本の指を持つ小さな祖先からウマへの進化を示す一連の化石（『6つの化石・人類への道』第3章）や、哺乳類ではない祖先から哺乳類への進化を示す一連の化石（『8つの化石・進化の謎を解く』第8章）などだ。しかし、人々は山のようにある証拠に満足せずに別の質問をする――どのようにして共通祖先から個別の動物門（軟体動物、蠕虫《ぜんちゅう》類、節足動物、棘《きょく》皮《ひ》類など）が進化したのだろうか、そして、そのような大規模な体制の変化、つまり大進化の証拠はどこにあるのだろうか。

長きにわたって、それがどのように起こったのかを示す化石の証拠は存在せず、ただ、共通祖先から進化したことを示す明確な構造上の特徴が生物の体に見られるだけだった。例をあげると、節足動物とカギムシ類のつながりは、現生動物の類似性によって以前から立証されていたが、その変化を裏づける化石記録が得られたのはずっと後のことで、つい最近になって、分子的証拠によって類縁であることが証明された（第5章）。

さらに別の例をあげよう。それは軟体動物だ。今日、軟体動物門には、記載されている種が一〇万種以上あり、節足動物門をのぞくほかのどの門よりも多い。軟体動物門は動きが遅く単純なヒザラガイ類やカサガイ類（潮だまりの岩に張りついて、這いながら藻類を食べる）から、頭のないハマグリやカキ（一つの場所にとどまり、鰓《えら》で濾過摂食する）、そしてイカやタコ（動きが非常に速く、知的で、皮膚の発光パターンで交信したり、かなり難しい問題を解いたりすることもできる）まで多岐にわたる。プランクトンの間で浮かぶもの、海底に生息するもの、陸で生活するもの（例えばカタツムリやナメクジ）などのように、軟体動物も節足動物と同様に地球のほとんどの生態的地位を勝ちとってきた。ほとんどの軟体動物は小さいが、巨大な種類もいる。例えば、ダイオウイカは約一八メートルに達するし、オオシャコガイの殻は一メートルを超え、海生巻貝カンパニレ・ギガンテウムの巨大な螺旋状の貝殻は一メートルを超える。

しかし、カタツムリ、ハマグリからイカまで、非常に多様性が大きい軟体動物の共通祖先はいったいどのような姿をしていたのだろうか。これらすべての体制の基礎となる要素を持つのはどのような動物なのだろうか。また、軟体動物は地球上に存在するどの動物門から出現したのだろうか。

軟体動物の共通祖先は、この門に属するすべてのメンバーに見られる要素からなる体制を持つ生物だったのだろうとほとんどの専門家が考えている（図6・1）。それはしばしば「軟体動物の仮説的な

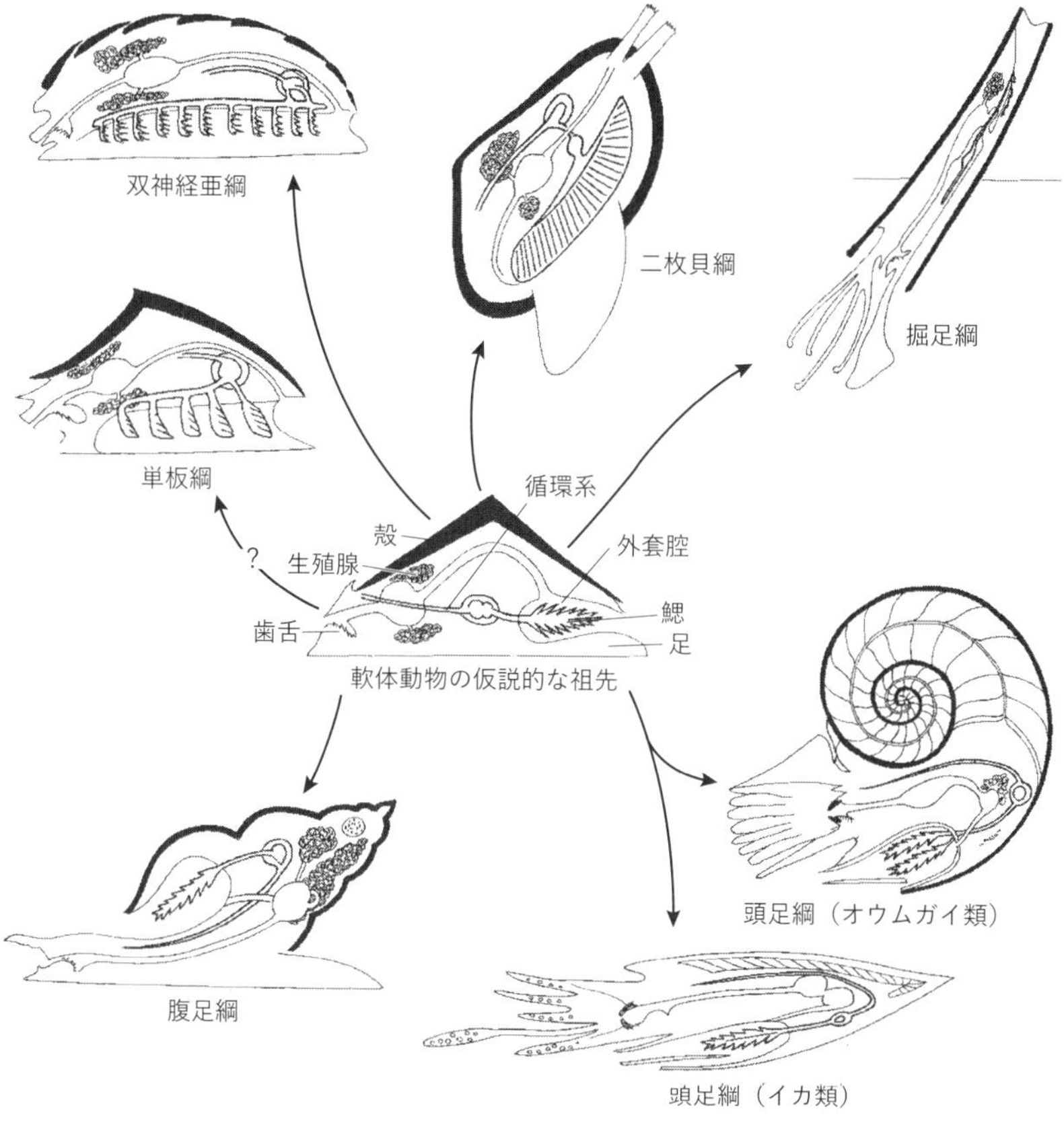

▲**図 6.1**　軟体動物の仮説的な祖先からの放散

祖先」と呼ばれ、異なる軟体動物の体制をつないだ単純な構造をしている。体のまわりに外套膜と呼ばれる肉の層を持ち、現生軟体動物の中でもっとも原始的な種類の一つであるカサガイ類の殻のような単純な笠形の殻を外套膜から分泌していたと見られる。また、底面には幅の広い肉の「足」があり、身を守るために岩にしっかり張りついて、ゆっくり這い、より安全な環境で餌を食べることができたと考えられている。

すべての現生の軟体動物には、口から肛門につながる消化管と呼吸器系がある。外套腔と呼ばれる外套膜中の空間にある羽根のような鰓を使って海水から酸素を取り出し、二酸化炭素を出す。軟体動物の祖先はこのような特徴をすべて持つ動物で、何らかの排泄系と生殖器系も持っていたはずだ。したがって、最初期の軟体動物はカサガイ類に非常によく似ていたと考えられる——外套膜が分泌する単純な笠形の殻、岩にしがみついたり這ったりできる幅の広い足、口から肛門につながる一方通行の消化管、呼吸器系、主要な軟体動物のグループに見られるほかの系（排泄系、生殖器系など）というように。

最初の軟体動物

生きた軟体動物を研究できるので、海洋生物学者にはさまざまな利点がある。活動中の軟体動物を海洋水族館と自然界の両方で観察できるし、あらゆる軟部組織を解剖して詳しく調べることもできる。また、分子遺伝学者は小さな組織のサンプルから軟体動物のDNA配列を得て、どの生物にもっとも近いのかを知ることができる。そして答えが明らかになった。軟体動物にもっとも近い現生の生物は、土にすむミミズや海の生息環境の至るところでよく見られる多毛類などの環形動物だということが判明した。しかし、そこには依然として大きなへだたりがある——どうやってミミズのような生物が硬い殻を持ち、体節のないカサガイ類に進化しうるのだろうか。

問題を悪化させているのは、ほとんどの蠕虫類は巣穴以外の化石を残さないということだ。巣穴はそれをつくった生き物について多くを語ってはくれない。また、ほとんどの軟体動物の場合、硬いパーツは殻しかなく、軟部組織から得られる情報に比べれば、殻から得られる情報はほんのわずかしかない。しかしながら古生物学者は初期の軟体動物の単純な殻の研究に熟達してきて、軟部組織が残したあらゆるヒントを見つけ出せるようになった。

早くも一八八〇年代には、旧古生代の単純な笠形の軟体動物が記載されはじめた（図6・2）。化石

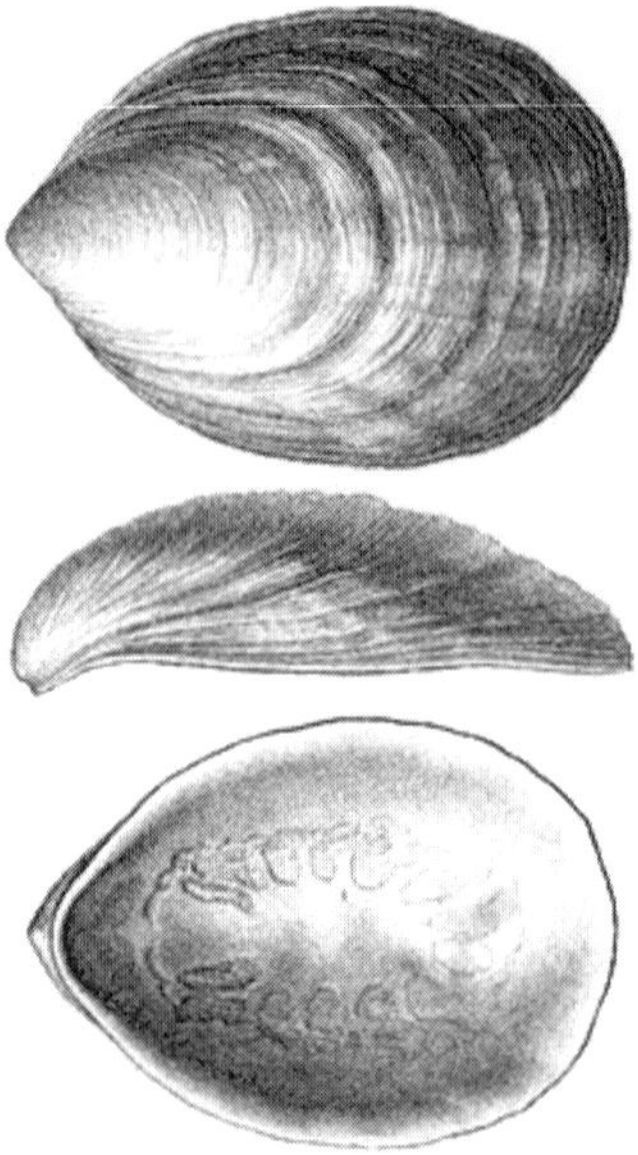

▲**図 6.2**　ピリナの化石
単純な笠形で、カサガイに似ている。殻の内側に 2 列の筋痕が見られる

の保存状態がよくなかったので、今日のカサガイ類によく似た殻を持つことから、生態もよく似ていたにちがいない、ということ以外に言えることはあまりなかった。

　一八八〇年にはスウェーデンの古生物学者グスタフ・リンドストロームが、スウェーデンのゴットランドのシルル紀の貝化石を記載し、トリブリディウム・ウングイスと呼んだ（殻が指の爪に似ていたことから、種小名はラテン語の「ひずめ」または「爪」を意味する言葉から取られた）。その後、一九二五年までにピリナ・ウングイスと改名された。

初期の古生物学者らがこの化石に関して言えたのは、カサガイ類にとてもよく似ているということだけだったので、非常に原始的なカサガイ類だろうと考えられていた。しかし、保存状態が良好な殻の内側には二列の痕があり、対になった筋肉があったことを示していた。だが、軟部組織がない以上、ピリナについてはそこで行き止まりだった。

カンブリア紀からデボン紀にかけての地層には、こうした単純な笠形の化石がたくさん含まれている。それらをもっとも原始的な最初期の軟体動物の化石だと考える古生物学者もいたが、結論を出すには標本がまだ不十分だった。最近になって、シンプルな笠形やハマグリ形や渦巻き状の殻が微小硬骨格化石群から発見され（第3章）、初期カンブリア紀に軟体動物の祖先がいたことが示された（図3・2参照）。だが、その根拠となっているのは、殻の形といくつかの細かな構造だけである。

深海探検が生物学を変身させる

海洋学と海洋地質学は一九四〇年代後半に空前の発展をとげた。世界の国々は第二次世界大戦の潜水艦の戦いによって、地表の七〇パーセントを覆っている海についてほとんど何もわかっていないことを思い知らされた。終戦後すぐに多くの国の政府（特にアメリカとイギリスとデンマーク）は、海底の地図を作成したり、海の底に何があるのかを究明したり、世界中の岩石と海洋生物の標本を採取する大規模な科学調査に予算を取りはじめた。そして、戦用余剰品の駆逐艦を再装備して、海底の地図を作成する任務にあたらせた。調査船にはもともとは潜水艦を見つけるために設計されたプロトン磁力計［訳注：プロトンの核磁気共鳴を利用して磁場の大きさを計測する磁力計］が積まれた（ゆくゆくはこれらの計器によって海洋底拡大とプレートテクトニクスの重要な証拠が得られることになる）。海底のほぼすべての場所から堆積物コア［訳注：堆積物の柱状サンプル］を採取し、深さを記録するために海底に音波を跳ね返らせ、ファンテイルと呼ばれる船尾の張り出し部からダイナマイトを投下して、海底の堆積物の上部の層からもどってくる音波を使ってその構造が調べられた。

一九五〇年から五二年にかけてデンマークが行った「第二次ガラテア探検航海」も、そうした先駆的な戦後の取り組みの一つだった。ガラテアという船名は、ギリシャ神話のピグマリオンとガラテアの物語から取られた。彫刻家のピグマリオンは大理石で完璧な女性を彫った。彼はその像をガラテアと名づけ、恋に落ちる。自分の創造物にすっかり心を奪われた彼の姿を見て、神は祈りに応えて彫刻を生きた人間に変身させるという物語だ。このあらすじを聞いて、ブロードウェイ・ミュージカル「マイ・フェア・レディ」を思い浮かべる人もいるだろう。「マイ・フェア・レディ」では、ヘンリー・ヒギンズ教授（ピグマリオン）が貧しい下町の娘イライザ・ドゥーリトル（ガラテア）を優雅で貴族的な女性に変身させる。このミュージカルはジョージ・バーナード・ショーの戯曲「ピグマリオン」が原作なのだが、その戯曲はこのギリシャ神話にもとづいている。

「第一次ガラテア探検航海」は一八四五年から四七年にかけて行われ、三本マストの帆船を使って世界中のデンマークの植民地沖が調査された。そして、一九四一年に、デンマークの科学と通商上の利益を促進する目的で、ジャーナリストのハコン・ミエルケと海洋学者で魚類学者のアントン・フレデリック・ブルンが必死に第二次探検航海の資金集めを行った。だが、第二次世界大戦とナチスによるデンマークの侵略で計画は頓挫した。

一九四五年六月、戦争が終わるとすぐに、デンマークの科学界は本格的に資金集めと準備を再開した。そして、退役したイギリスのスループ型船「リース」を購入した。大戦中この船は大西洋で船団の護衛にあたり、Uボートを沈めたというすばらしい功績を持つ大型船だ。デンマークは海洋学的調査のために船を再装備して、名前を「第二ガラテア号」に変えた。第二ガラテア号は、初代ガラテア号とは異なり、きわめて深い海で調査ができるように設計され、深海で堆積物をさらって採取したり、深さを測定したりすることが可能だった。十九世紀半ばの探検航海で訪れた場所もいくつか再訪したのだが、この二十世紀半ばの世界周航のハイライトは、フィリピン海溝の一万一九〇メートル以上の深海での採取（当時、もっとも深い場所で取られたサンプルだった）やほかの深海での採取によって、それまで科学者が目にしたことがなかった生物が得られたことだった。

目を見張るような奇っ怪な深海魚や海の生物とともに、興味深い軟体動物も見つかった。それは一九五二年にコスタリカ沖の海溝の、深さ六〇〇〇メートル以上の深海から引き上げられた軟体動物だった（図6・3）。一九五七年にこの標本を発表する機会を得たとき、探検航海に参加した動物学者ヘニッグ・レムケはそれがいかに革命的なものであるかに気がついた。化石のピリナと発見した船をたたえて、彼はその生物をネオピリナ・ガラテアエと命名した。それはまさにあの古生代初期の謎の多い笠形化石の類縁であり、その軟部組織からピリナの謎の痕を解明することが可能になった。著名な動物学者エンリコ・シュワーブはこの発見を「二十世紀最大のセンセーションの一つ」と呼んだ。

ネオピリナは、デボン紀に化石記録から姿を消した単板綱（英語名Monoplacophoraはギリシャ語で「一つの殻を持つもの」の意）と呼ばれる、軟体動物のグループの中で長く生きのびてきた属で、本物の「生きた化石」であるとレムケは指摘した。ネオピリナの研究から、なんとすばらしい情報が明らかになったことか。化石に見られる二列の筋痕《きんこん》から示唆されるように、ネオピリナにはそのような痕をつくる一対の筋肉があり、ちょうど環形動物と同じように、節に分かれた筋肉を持っていたことが示唆された。筋肉が節に分かれているだけではなく、鰓や腎臓、複数の心臓、対になった神経索、生殖腺も節に分かれている。要するにネオピリナによって、謎多き単板綱の化石は半分軟体動物で半分蠕虫類だったことが示されたのだ。蠕虫に似た祖先と同じく、すべての器官が節に分かれているが、外套膜や殻、幅の広い足など、カサガイ類やヒザラガイなどの原始的な有殻の軟体動物に見られる特徴をあわせ持っていた。

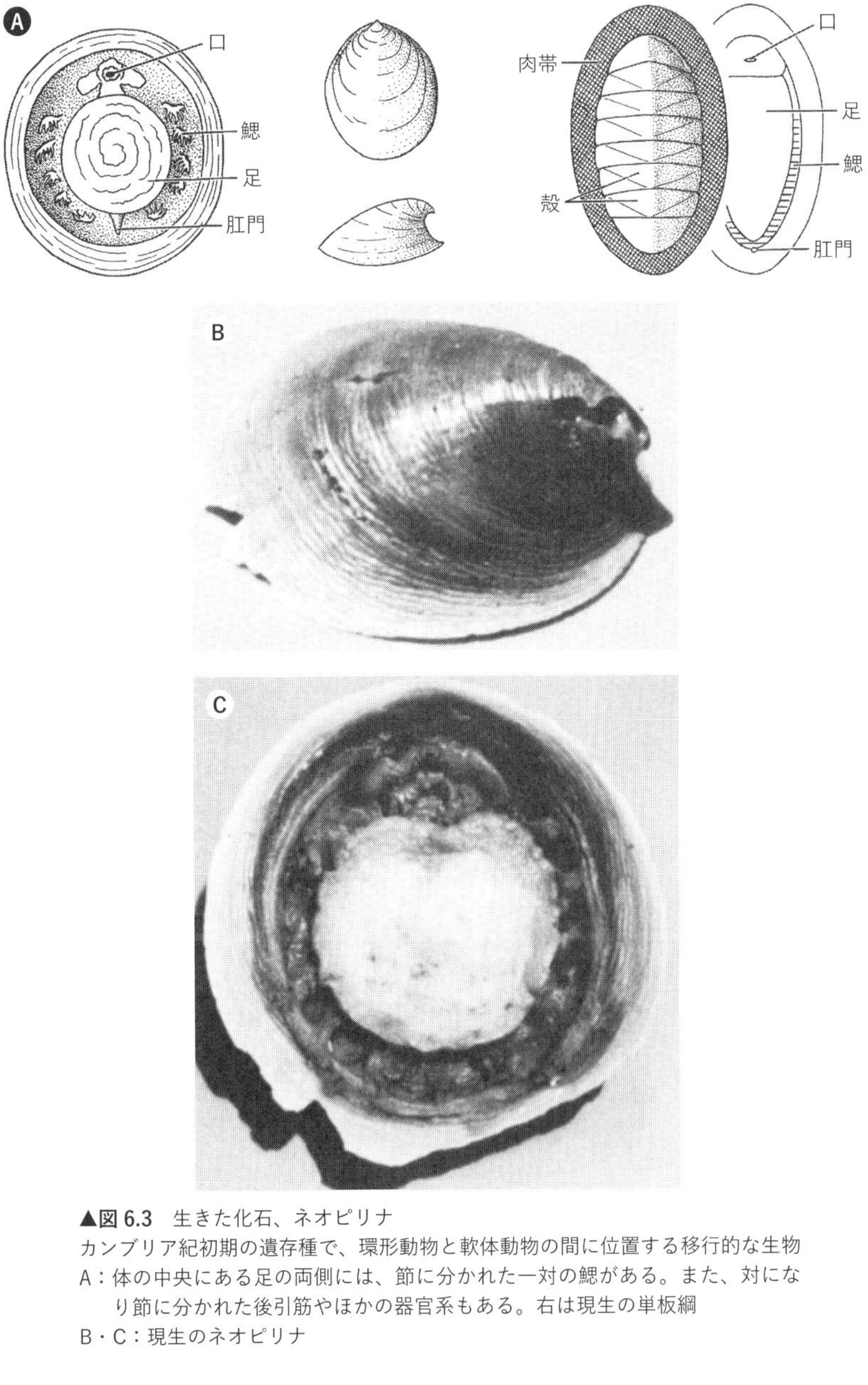

▲図 6.3　生きた化石、ネオピリナ
カンブリア紀初期の遺存種で、環形動物と軟体動物の間に位置する移行的な生物
A：体の中央にある足の両側には、節に分かれた一対の鰓がある。また、対になり節に分かれた後引筋やほかの器官系もある。右は現生の単板綱
B・C：現生のネオピリナ

一九五七年にネオピリナが記載されて以降、多くの現生単板綱と化石単板綱が発見されてきた。現在では二三の現生種が知られている。これらの「生きた化石」はおもに深さ一八〇〇～六五〇〇メートルの深海底に生息しているが、深さがたった一七五メートルという浅い海底にすむ種類もいくつかいる。生息環境についてはほとんどわかっていない。というのも、あまりにも深い海に生息しているため、捕獲して海面に引き上げると、超深海とは圧力や温度が違いすぎて生きていけないのだ。おそらく海底の泥の中の有機物を食べる生き物で、深すぎて日光が届かず光合成が行われない場所に生息するほとんどの生物と同じように、有機物を得るために海底の泥を掘るか、または沈んできたプランクトンを捕まえているのではないかと考えられている。

このように重要なグループが、どうやって長きにわたり科学の目をすり抜けてきたのだろうか。一番の原因は、超深海で研究を行ったり生物を採集したりする方法がほとんどなかったことにある。第二次ガラテア探検航海は、そうした仕事に取り組んだ最初期の探検研究の一つだった。実際、一八九六年に現生の単板綱、ベレロピリナ・ゾグラフィが発見されていたのだが、まちがって普通のカサガイ類として記載され忘れ去られていた。一九八三年に再び研究すると、ネオピリナ発見のはるか以前に昔の科学者たちが現生単板綱を目にしていたことがはじめてわかったのだった。

単板綱の現生種が二三種発見されただけではなく、この綱の化石記録も改善された。最初期の化石に加えて、オウムガイのように隔壁のある部屋を持つナイトコヌスのような化石も見つかっている。

それは原始的な単板綱と頭足綱（オウムガイだけではなくイカやタコも含むグループ）の移行化石だと主張する古生物学者もいる。

ネオピリナの発見は、絶滅したと考えられてきた謎の化石グループが、今でも深海で元気に生きていることが再び見いだされた典型的な例だ。さらに重要なのは、多くの現生の単板綱と絶滅した単板綱の記載によって、軟体動物がどのように環形動物との共通先祖から進化し、その後、この重要な門がカタツムリやアサリ、イカやそのほかの多くのグループへと多様化していくなかで、体節制がどのように失われたのかが示されたことだ。こうして、解剖学と分子生物学の研究から得られていた結論が化石記録によって裏づけられた――軟体動物は環形動物から分岐したものであり、単板綱に属する生物は一つの門から別の門への大進化を示す「移行型」なのである。

第7章
陸上植物の起源・クックソニア
海から顔を出す

植物の進化について、何よりも一番説得力のある証拠は化石植物の記録である。植物界のさまざまなグループが数百万年かけて経験してきた漸進的変化と改変が、地殻の奥深くに記録されているのだ。毎年、新しい標本が化石植物を学ぶ者によって掘り出されており、古植物学者がいつかは完成してほしいと願っている、一〇億年以上前の時代から現在まで続く、植物界の発達に関する連続した物語を知る助けになっている。

そうした長い年月の間に植物の世界には重大な変化が起こってきた。さまざまなグループが発生し、繁栄し、絶滅していった。もし化石記録がなかったら、そのようなグループが存在したことを今日の植物学者が知ることはなかっただろう。

――『化石植物の形態と進化（*Morphology and Evolution of Fossil Plants*）』
セオドア・デレボリアス

不毛の地球

わたしたちはすばらしい森や草原を見て、さまざまな種類の動物の糧となる非常に多くの植物資源を育む「緑の地球」を賛美する。しかし、地球はずっとそういう姿だったわけではない。四五億年の歴史のほとんどは、不毛で過酷な場所だった。厳しい地表で生きられる陸上植物が存在しなかったために、岩石を覆うものはなく、激しい化学的風化作用を受け、栄養がすべて海に流れていったが、それらを吸収する海洋生物もいなかった。

生命史の最初の一五億年間はシアノバクテリアだけが光合成をする唯一の生物で、海の浅瀬にすみ、ストロマトライトを形成していた（第1章）。約一八億年前になると、藻類の最初の証拠が見られるようになった。それらは真核細胞を持つ真の植物だった（DNAを含む独立した核を持ち、さらに光合成のための葉緑体などの細胞小器官を持っていた）。そして、シアノバクテリアと藻類が、浅い海底でスライム状の巨大なマットを形成しつづけた。

極度の暑さと寒さ、激しい風雨、植生に守られていないために地中に吸収されずに容赦なく流れる雨水、そしてオゾン層の欠如（大気中に遊離酸素がなかったため）。これらが意味するのは、危険を冒して水から陸に上がれる植物はほとんどいなかったということだ。オゾン層がないかぎり、植物細胞も動物細胞も高レベルの紫外線放射にさらされる。紫外線にさらされた遺伝子は変異を起こし、しまいには細胞が死んでしまう。オゾン層の保護がない場合、ほとんどの生物が紫外線から身を守る唯一の方法は水につかっていることだった。

化学的証拠によれば、約一二億年前に最初の生物が陸地にコロニーをつくりはじめたらしい。そうした生物はおそらく生物的土壌クラストと呼ばれる藻類と菌類の単純な集合体だったと考えられる。それらはかき乱されていない砂漠の表面に見られる有機物の膜に非常によく似たものだ。その一例が岩石を分解する地衣類だ。地衣類は一つの生物ではなく、菌類と藻類の共生生物である。おそらく生物的土壌クラストが地表の唯一の生命で、地表を固めて安定させ、風雨による浸食から大地を守る助けをし、さらには、海洋性藻類とシアノバクテリアが大量の酸素を大気に供給する助けすらしていたのだろう。

当然ながら、陸地には消費できる植物資源がたいしてなかったのだから、動物もいなかった。動物には食べ物が必要なだけではなく、呼吸するのに十分な遊離酸素が大気中になければならない。酸素は約五億三〇〇〇万年前までは十分にたまっていなかったようである。極度の暑さと寒さ、すみかと食べ物の欠如、そして歯止めのきかない浸食のために、陸地はまだ、ほとんどの生物が利用できない危険な場所だった。

したがって、わたしたちが当然だと思いこんでいる緑あふれる地球は、ずっと緑の惑星だったわけではない。植物が陸地を制覇しはじめるには、水につかっている丈の低い藻類マット以上のものでなければならなかった。藻類は水につかっているかぎりはよく育つが、いったん陸に上がると、湿った状態を保てなければ死んでしまう。

最初の陸上植物

また、藻類は水につかっていないと生殖できない。水生藻類の精子は水中を卵に向かって泳いでいくのだ。例えば緑藻類や多くの原始的な植物は有性世代（単相の精子と卵を放出する世代）と無性世代（性を用いずに自身のクローンをつくる世代）を交互に繰り返す（図7・1）。複相植物（染色体を二組持つ）は胞子体と呼ばれ、胞子嚢の中で減数分裂が起こって胞子がつくられ、有性生殖につながる。単相植物（減数分裂が行われた後。染色体を一組持つ）は配偶体と呼ばれる。配偶体は個別の特化した構造で精子か卵、またはその両方をつくり出す。世代交代は多くの原始的な植物や動物のグループ（たいていのサンゴやイソギンチャク、クラゲ、有孔虫と呼ばれる小さな殻を持つ海にすむアメーバなど）が持つありふれた生殖メカニズムだ。

原始的な陸生植物（例えばシダ類）の胞子体は、わたしたちが目にするその植物の「本体」である。

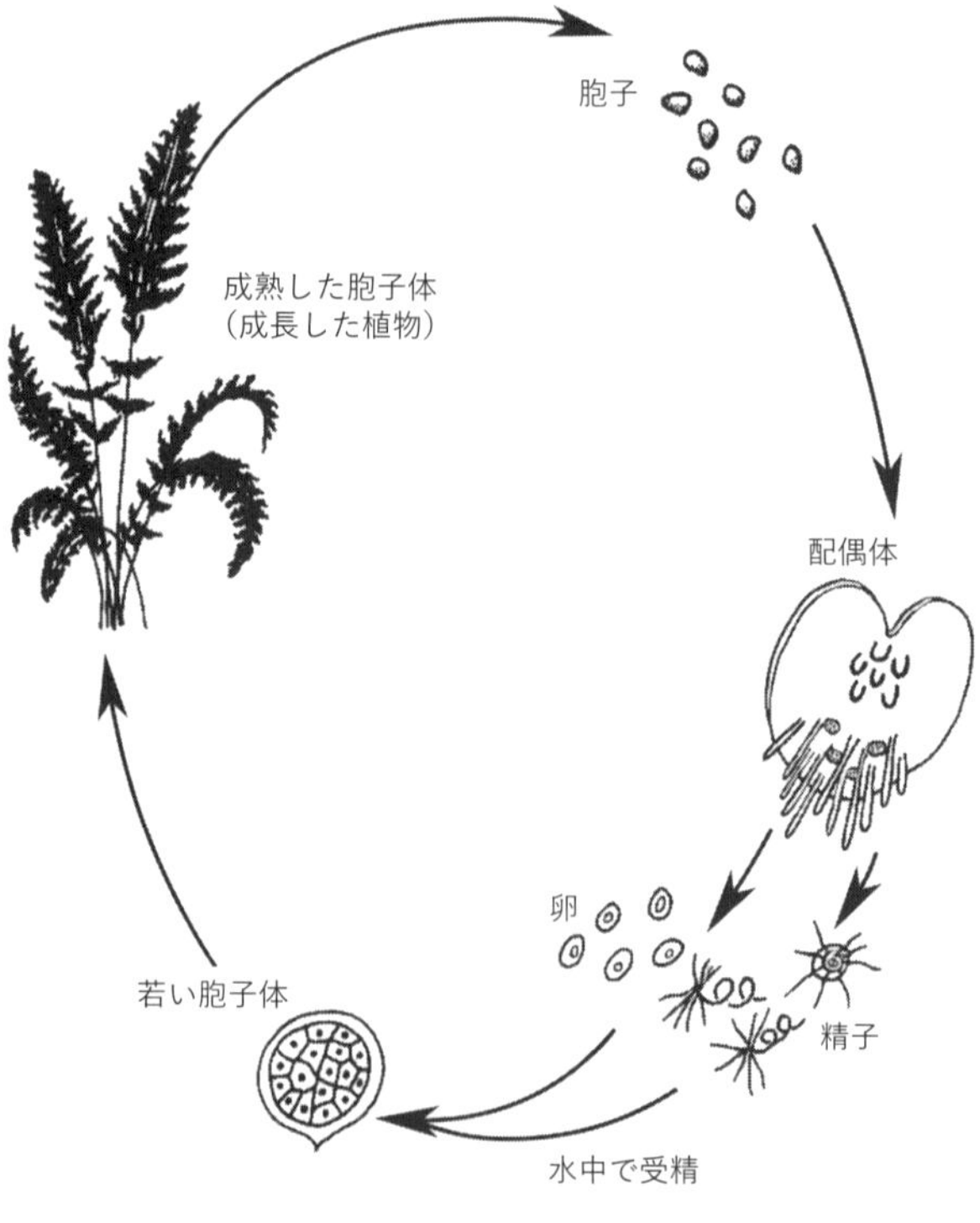

▲**図 7.1**　一般的な種《たね》のない維管束植物の一生
成熟した胞子体が胞子をつくり、胞子が配偶体に成長する。そして、配偶体が卵と精子をつくり、受精して別の胞子体になる

胞子体は減数分裂でつくられた、風で運ばれる単相の胞子を放出し、胞子は湿った場所に着地すると発芽して、小さな（高さ一センチメートル以下）配偶体（前葉体）になる。配偶体はそれぞれ精子と卵を生じ、精子は湿った環境でのみ卵に向かって泳いでいくことができるため、たいていの原始的な陸生植物の選択肢は限られている。この生殖の「弱点」のせいで、原始的な陸生植物は乾いた生息地を活用することができなかった。

また、陸生植物の前には乾燥の問題も立ちはだかっていた。水につかっていなければ、水分を保つ蠟やクチクラなどに覆われていないかぎり、浜に打ち上げられた海藻のように植物の表面はひからびてしまう。しかし同時にクチクラのせいで表面での水の交換が減るため、今度は二酸化炭素を取り入れて酸素を吐き出したり、水蒸気の蒸散を調節したりするのが困難になる。そのため、クチクラ層には気孔と呼ばれる小さな穴が開いている。気孔を開けたり閉じたりすることで、水やガスの交換を調節することができるのだ。しかしながら、気孔を開ける過程でも水分が失われる。

では、植物がどのように上陸を果たしたのかについて、化石記録から何がわかっているのだろうか。最初の化石証拠はコケ類（蘚類《せんるい》と苔類《たいるい》）の胞子から得られた（図7・2）。コケ類は現在でもほとんどの生息環境で見られる背の低い植物だ。胞子の化石はオルドビス紀（約四億五〇〇〇万年前）のものだが、中期カンブリア紀（約五億二〇〇〇万年前）の胞子と見られる化石もある。

このもっとも原始的な陸生植物には九〇〇あまりの属と二万五〇〇〇の現生種がある。ほぼすべて

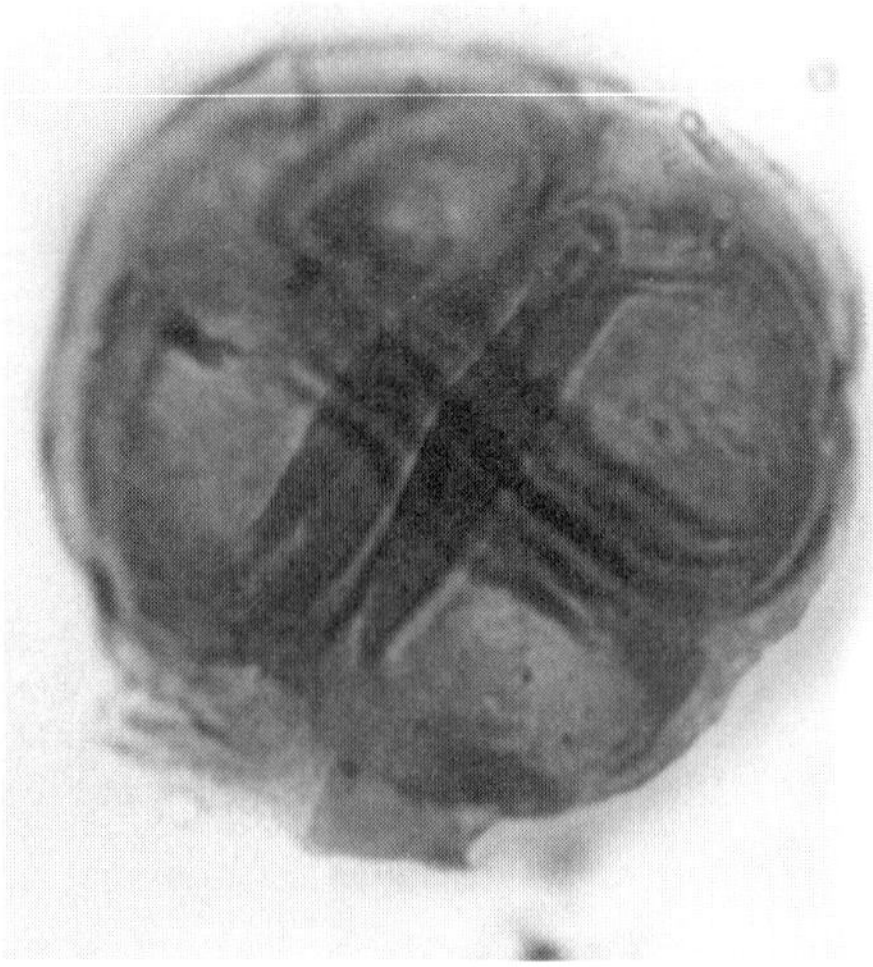

▲図 7.2　リビアで発見された後期オルドビス紀の4つに分かれた胞子。陸上植物の最古の証拠。倍率は1500倍

の陸の生態的地位を占め、南極の寒く湿った海岸にまで進出している。だが、海水の中では生きられない。

コケ類は陸地で生きのびるためにさまざまな重要な適応戦略をとっている。干ばつや極端な温度といった不利な環境条件で代謝を止める能力、群生する傾向、破片から新しい植物になり、無性生殖で増殖する能力、ほとんど土のない不毛な岩場でコロニーをつくる能力、そしてほかの生物、例えば樹木の表面に着生する能力などである。

直立の草分け――維管束植物

植物が陸上で生活し、大きく成長するため

には、液体を重力に逆らって運んだり、呼吸したり、老廃物を除去したり、体を支えたりするための複雑な器官や組織が必要だ。例えば、ケルプのような海藻は何メートルにもなるが、常に海水につかっているため、端から端へ水を輸送するシステムはいらない。

そのような複雑なシステムを持つ植物は、体の一部から別の部分へ液体と栄養を運ぶ管がネットワークのようになっているため、維管束植物と呼ばれる。そうしたネットワークはちょうど、液体（血液）を全身に行きわたらせ、栄養を供給し、老廃物を取り去るわたしたちの心臓血管系のようなものだ。しかし、維管束植物は「拷問道具で引きのばされている」状態にある。水分と栄養は下の土にあるが、光合成に必要な太陽光は上にある。根を使って土から栄養と水分を吸い上げ、それらを光合成が行われる葉まで運搬し（二酸化炭素を吸収し、酸素を吐き出し）、ある程度の水が失われる。

水から出て成長しはじめた植物は二つの問題にぶつかった。高い部分まで水分と栄養を運ぶ必要があった。そして、重力に逆らって立とうと試みたのだが、常に強く引っ張られて倒されそうになるのだった。

解決の鍵は代謝の副産物であるリグニンで覆われた仮道管と呼ばれる通道を担う細長い細胞の進化にあった。リグニンは非常に硬いので体を支えることができる。また、リグニンは疎水性なため、表面が水を吸収せずに蠟紙のようにはじくようになり、水が仮道管の中を速く通過できる。この通道の組織は茎の中心で一本のひも状になっている。より高度な植物の場合には、仮道管が集まって大きな木質の幹を形成することも可能だ。そのような維管束植物は、仮道管（tracheid）を内側に持つため、英語で正式には「tracheophyte《トラキオファイト》」と呼ばれる。

シルル紀の単純な植物――クックソニア

最初期の維管束植物の化石は小さく、容易には保存されなかった。軟らかい有機物でできており、保存の確率を高める木質の組織がなかったからだ。オルドビス紀のものはまだ見つかっていないが、シルル紀（約四億三三〇〇万～四億一九〇〇万年前）にはクックソニアと呼ばれる単純な植物が生息していた（図7・3）。その植物は、ウェールズのパートン採石場で最初の標本を発見したイザベル・クックソンという熱心な収集家をたたえて、一九三七年に古植物学者のウィリアム・ヘンリー・ラングによってクックソニアと命名された。

クックソニアは維管束植物として最高に単純な植物だった。ほとんどの標本は平らにつぶれているが、単純な茎（たいてい直径三ミリメートル以下）が二つの小さな枝に分かれているのがわかる。高さが一〇センチメートル以上のものはほとんどない。オリジナルの圧縮された化石は、枝分かれした茎の先端に小さな球体のような物体がついているものが多い。その球体は胞子がつくられる場所、つ

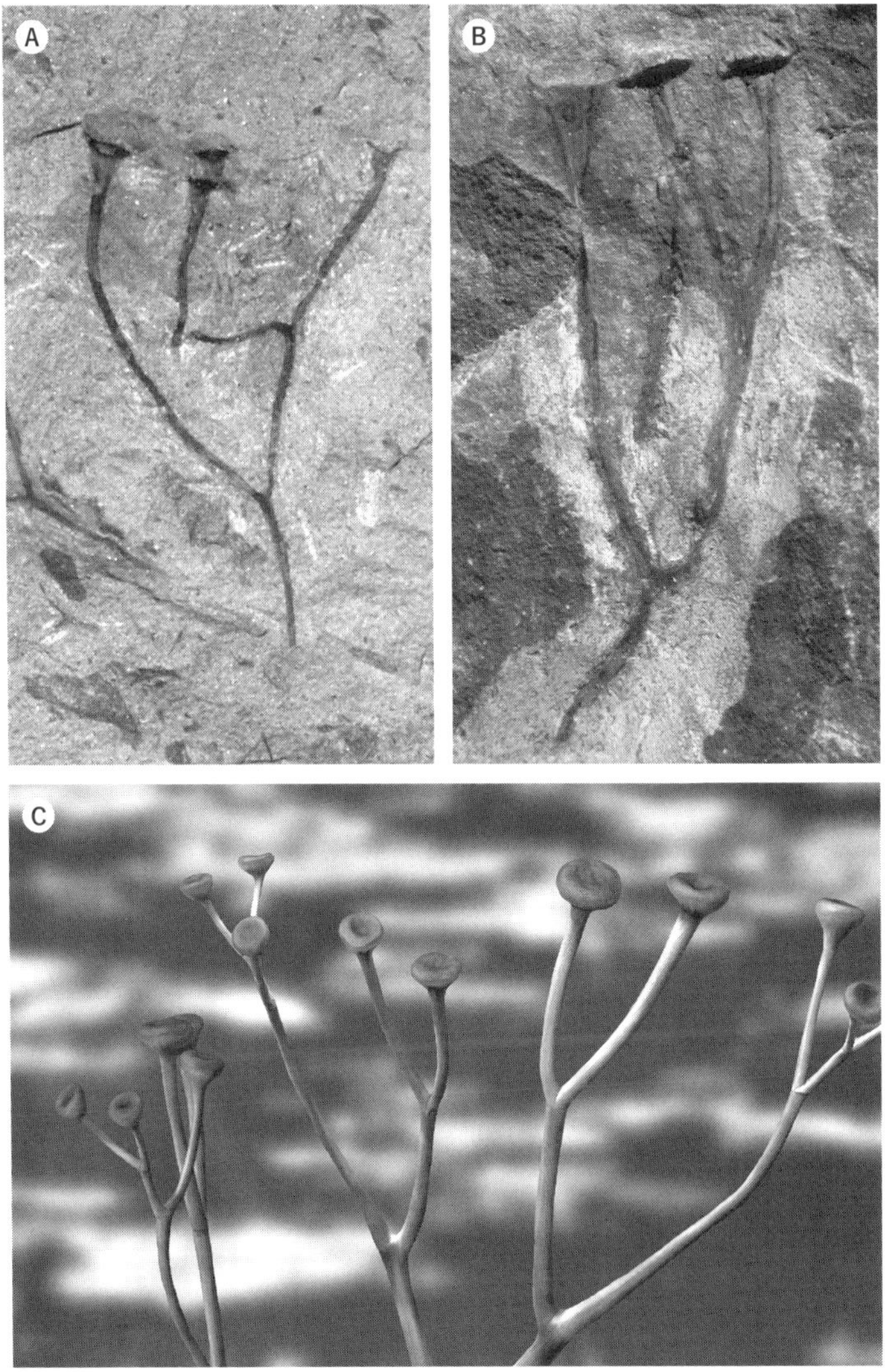

▲図 7.3　クックソニア
A・B：化石
C：生きている姿の復元図。漏斗形の胞子嚢があるまり胞子嚢のようである。しかし、最近になって、保存状態のよい標本やさらなる詳細な研究から、胞子嚢は小さな丸い球形の塊ではなく、漏斗《じょうご》またはトランペットのような形で、中央に円錐形の開口部があり、開口部の上には蓋がついていて、それが崩れて胞子を放出していたことが示された（図7・3C）。

クックソニアには葉がなかった。光合成は表面全体で行われていたにちがいない。もちろん、種や花といった高度な構造もなかった。個別の根からではなく、短く水平につながっている茎、つまり根茎から生えていたようで、地下茎を持つ多くの現生植物と同様に、おびただしい数のクローンをつくり、無性生殖で増えた。ぺしゃんこにつぶれた保存状態の悪い標本に見られる暗い色の部分は、維管束組織の痕跡の可能性があるが、保存状態がよいわけではないのでたしかなことは言えない。さらに、少なくともいくつかの標本には気孔があるように見えるため、より進んだ植物の光合成が葉などの器官で集中的に行われるのに対して、クックソニアの光合成は表面全体で行われていたことをさらに裏づけている。

現在、少なくとも四種類の胞子タイプがクックソニアと呼ばれる植物と関連づけられており、この属には非常に原始的な複数の植物の系統が含まれているため、古植物学者の多くはこの属を分類学上の「がらくた箱」と見なしている。しかし、分類学の要求にそって、確信を持っていくつかの属に分けられるほど保存状態がよくないし、標本の詳細もわかっていない。だが、そのうち複数の属に分類される日がくるだろう――多くの分類学上の「がらくた箱」がいずれはそうなるように。

地球の緑化

古植物学者でなければ、この小さく単純な植物に、たいしてわくわくしないかもしれない。だが、クックソニアと維管束植物の起源は、とてつもなく重要な環境の激変と進化上の飛躍的な進展を意味するのだ。

陸生の維管束植物の存在と陸上の緑豊かな生息環境は、特に動物たちに、陸でより多くの機会を提供することになった。後期オルドビス紀の地層には、ヤスデが掘ったと見られる巣穴のあいた土があり、その生物が最初の陸生動物だった可能性が高い。シルル紀以降はサソリやクモ、ムカデ、初期の無翅昆虫を含む多くの陸生節足動物の化石が見られる。もはや大地は不毛ではなく、草食動物と、草食動物や互いを食べる多様な捕食性節足動物による複雑な食物網が発達しはじめていた。節足動物と、草陸にコロニーをつくってからおよそ一億年後に、ついに、両生類も水から這い上がってきた（第10章）。それ以来、陸は再び不毛になることはなく、常に緑に覆われている。

シルル紀の終わりになると、単純な維管束植物の種類がさらに増えた。そして、デボン紀には植物

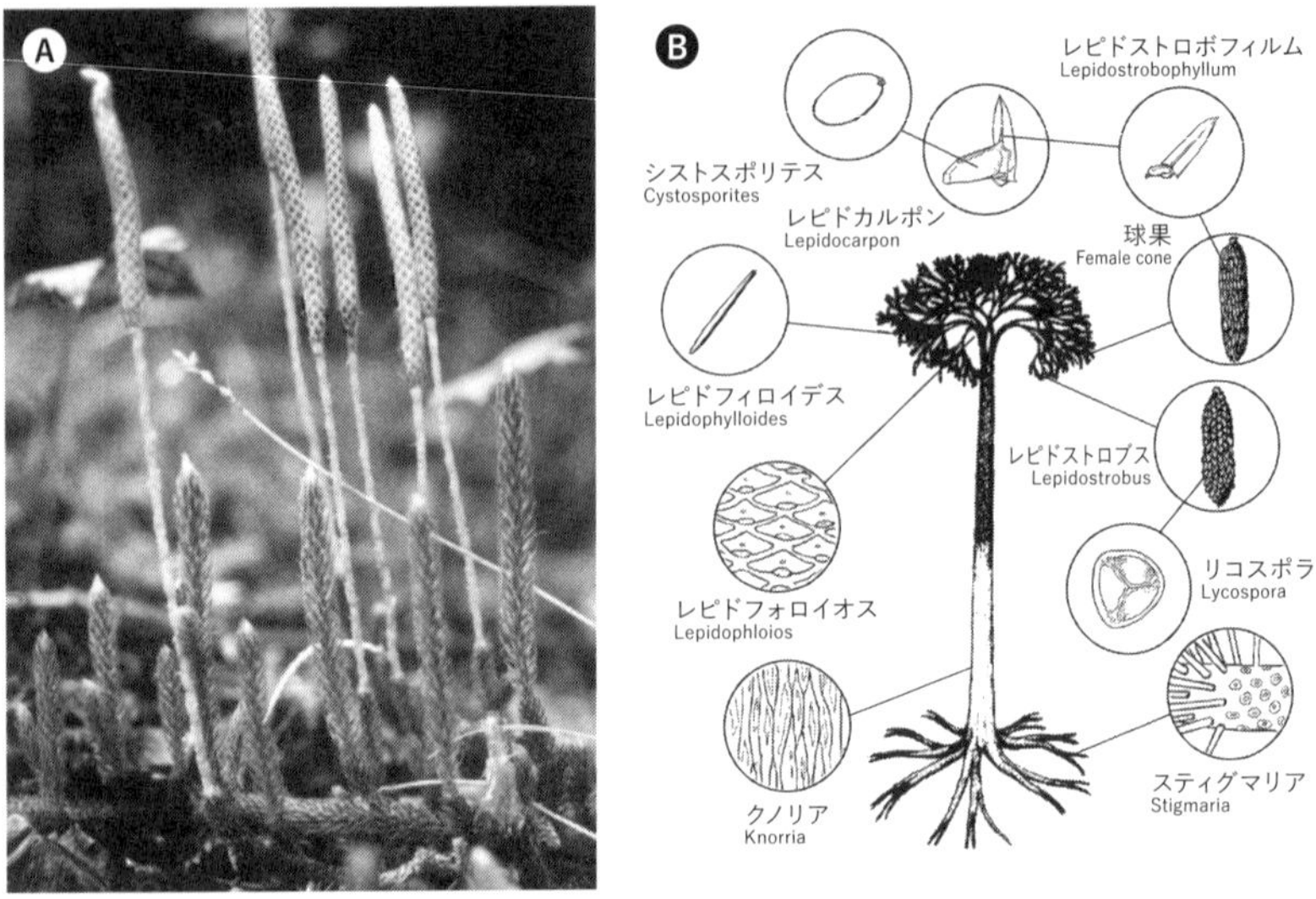

▲**図 7.4**　ヒカゲノカズラ類
A：現生のヒカゲノカズラ。今日のものは基本的に小さく、丈が高くならない
B：高さ50mのレピドデンドロン（リンボク）の復元図。石炭紀の湿地に生えていたヒカゲノカズラの木。詳細図（幹、樹皮、葉、実、球果、胞子、種）はそれぞれ個別に発見されたものから復元した

の多様性が爆発的に増し、後期デボン紀に最初の森が出現した。コケ類に加えて、シダ類のようなさらに高度な植物が進化した。

また、後期シルル紀またはデボン紀には、重要な二つの現生植物のグループも現れた。

一つは、地面を這うヒカゲノカズラ類だ。この生きた化石は背が低くて見栄えがしないが、新古生代〔訳注：古生代の後半部。デボン紀・石炭紀・ペルム紀の総称〕に生息していた祖先は、三六メートル以上の高さのヒカゲノカズラ類からなる巨大な森を形成し、当時は史上最大の陸生植物だった（図7・4）。

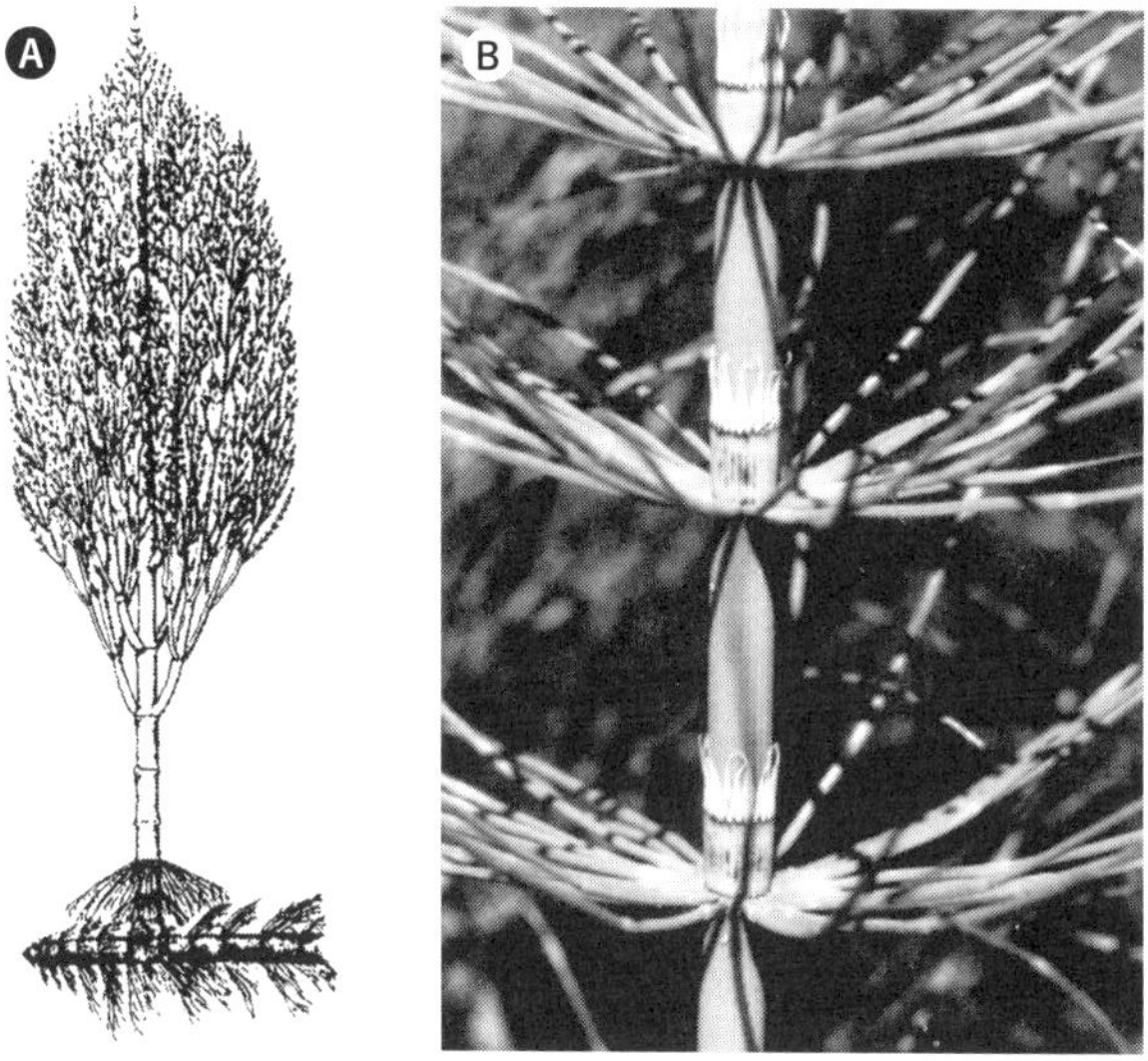

▲図 7.5　トクサ類
A：石炭紀の巨大なトクサ類のカラミテス（ロボク）は、高さが20mに達した
B：現生のトクサ。茎にある節から葉が輪生する

もう一つの新しい重要なグループはスギナ（ツクシ）やトクサなどのトクサ類だった（図7・5）。今日、これらの原始的な植物（トクサ属と呼ばれる生きる化石）は、湿り気のある砂地や砂利まじりの土地に大量に生えている。

繊維質の茎には研磨性のあるごく小さなシリカの粒子が含まれているため、動物が食べるのは難しい。それらを一握りつぶすと、鍋や釜を磨くのによい研磨パッドになったので、昔の開拓者たちは「砥草（英語ではscouring rushes）」と呼んでいた。

トクサ類は非常に独特な植物で、隣接する茎と茎がはっきりとした節で分かれていて、長い中空の節間には縦方向に一連の溝があり、葉はすべて節から生えている。それぞれの茎は匍匐《ほふく》茎から分岐しているのだが、匍匐茎は無性生殖で多くのクローンをつくる。

トクサ類はたくましいことで悪名が高く、生息環境がよければ急速に成長する。鉢植えにして隔離しておかなければ、すぐに庭中の湿った場所にはびこり、地下茎を駆逐することはほぼ不可能なので、抜いても抜いてもどんどん生えてくる。石炭紀の絶滅したトクサ類の中には、高さが二〇メートルを超えるものもあった（図7・5A）。

原始的な胞子植物に加えて、後期デボン紀には種子で増える植物がはじめて出現した。種子には硬い皮があり、水につかっていなくても発芽できるようになっていた。それらの絶滅したシダ種子類（真のシダ類ではなく、シダに似ていて、種子を持つ高度な植物）のいくつかは、高さ一二メートルに達する最初の巨大な木々だった。

デボン紀のシダ種子類の森は石炭紀（約三億六〇〇〇万〜三億三〇〇〇万年前）にまで受け継がれ、シダ類やコケ類、ヒカゲノカズラ類、トクサ類、そしてシダ種子類の多様性が爆発的に増した。北アメリカとヨーロッパとアジアの熱帯地域には、それらが生える石炭紀の湿地が広範囲にあり、大きな森が形成されていた。今日の湿地でもそうであるように、死んで泥に沈んだ植物はすぐには朽ち果てなかった。リグニンの硬い木質の組織を消化できるように進化した動物（シロアリのような動物）がほとんど存在しなかったため、分解されずにただ堆積し、圧縮され、高温にさらされて石炭になった。

膨大な量の有機物が地殻の中に石炭という形で閉じこめられたことによって、大気と気候が変化した。石炭の堆積によって、大気から取りのぞかれた二酸化炭素が地殻に封印されたのだ。ほどなく、前期石炭紀の温室気候（両極に氷がなく、二酸化炭素の濃度が高く、海水準が高いためほとんどの大陸が水没していた）は、後期石炭紀には氷室気候（南極に氷床が形成され、二酸化炭素の濃度が低く、氷床によって海盆の水が奪われたため海水準が低くなった）に様変わりした。地球はおよそ二億年間、こうした氷室気候のままで、中期ジュラ紀（恐竜時代の中盤）にマントルと海盆に大変化が起こって氷室から温室にもどった（『8つの化石・進化の謎を解く』第4章）。

地球の歴史では過去一〇億年にわたって、気候が温室から氷室にころころ変わるサイクルが数回起こっている。実際、金星のような暴走温室や火星の凍りついた氷室ではなく、地球が居住可能な理由は植物と動物の存在にある。地球の生物系が石灰岩（おもに動物による）と石炭（植物による）という炭素の貯蔵庫をつくり、二酸化炭素を地殻に閉じこめる。これがサーモスタットのように機能して、この惑星が暴走温室や暴走氷室になるのを食い止めているのだ。

悲しいかな、人間はこの自然のサイクルをもとにもどすことで、意図せずにこの惑星を変化させてきた。産業革命以降、何百万トンもの石炭が燃やされ、閉じこめられていた二酸化炭素が放出されてきたのだ。今や二酸化炭素の制御はきかず、人間がもたらした「超温室」は、地質学的な過去に類を見ない速度で進んでいる。わたしたちは知らず知らずに、地球の大気と海洋と地殻の繊細な二酸化炭素のバランスを乱してしまった。気候変動による異常気象の事象がすでに現れはじめている。惑星のサーモスタットを破壊するという危険な実験の代償を払うのは、わたしたちの子どもや孫たちなのである。

自分の目で確かめよう！

最初期の植物を展示する博物館は非常に少ない。シカゴにあるフィールド自然史博物館にはリニアというクックソニアの類縁が展示されており、すばらしい化石や「石炭の森（coal-swamp forest）」のジオラマもある。デンバー自然科学博物館とワシントンD.C.にあるスミソニアン博物館群の一つの国立自然史博物館には原始的な植物の展示や「石炭の森」のジオラマがある。

地球最古の森は、デボン紀（3億8000万年前）に現在のニューヨーク州ギルボアの近くにあった。ギルボアの町役場内のギルボア博物館（http://www.gilboafossils.org）とオールバニにあるニューヨーク州立博物館では、木のさまざまな部分の化石を見ることができる。

第8章　脊椎動物の起源・ハイコウイクティス

魚臭いお話

鰓裂《さいれつ》、舌状突起、シナプチキュラ*
内柱と脊索――君はそれらすべてに賛成だろう
海の魚から原索動物を示している
そして、彼らと僕らが似ていると教えてくれる、低い血統で。
甲状腺、胸腺、脊索下体
ヤツメウナギ、ツノザメ、タラと共通に持っている――
僕らに初期の食事を与えてくれた餌の罠の名残、
そして原始の水車を増殖させた舌状突起。

*――ある種のサンゴに見られる隣接した隔壁をつなぐ針状の連絡のこと

――『幼生形とそのほかの動物詩（*Larval Forms and Other Zoological Verses*）』
ウォルター・ガースタング

ヒュー・ミラーと旧赤色砂岩

わたしたちは、すべての哺乳類や鳥類、爬虫類、両生類、魚類と同様に背骨を持つ動物、つまり脊椎動物である。脊椎動物はどこからやって来たのだろうか。最古の化石魚類は、わたしたちの動物門についてどんなことを教えてくれるのだろうか。その答えを探しに、スコットランドに旅しよう。時は十八世紀末だ。

十八世紀の後半、地質学という若い科学がイギリスを中心に姿を現しはじめた。最初にスコットランドの先駆的な博物学者ジェームズ・ハットンがスコットランド中を旅するなかで現代地質学の基礎を築いた。やがて彼は『地球の理論』（一七八八年）を出版した。そして、地球の誕生に関する科学的なアプローチが産声をあげた。

ハットンが詳細に研究したイギリスの地層の一つに、旧赤色砂岩と呼ばれるざらざらした厚い層がある。旧赤色砂岩はスコットランドに広く露出しており、イングランドの東部と中部でもさまざまな場所で見られる。研究をすすめると、巨大な山脈が浸食されて河川に堆積し、旧赤色砂岩を構成する礫や砂が形成されたという証拠がどんどん出てきた。多くの場所では、古い岩石がはじめに水平から垂直に傾いた後、浸食されてできた浸食面の上に旧赤色砂岩がほぼ水平に覆いかぶさっている。ハットンはこの傾斜不整合の例によって、世界は想像を絶するほど古く、彼の言葉によると「始まりの痕跡がない」という確信を得た。地球の年齢は聖書が示唆し、当時の人々が信じていた六〇〇〇歳という若さではなかったのだ。

ハットンの洞察は大きくはずれてはいなかった。今日では旧赤色砂岩の年代はデボン紀（約四億～三億六〇〇〇万年前）であることがわかっている。不整合の下にある傾斜した岩石はシルル紀（約四億二五〇〇万年前）のものだ。このシルル紀の岩石を傾かせた衝突はカレドニア造山運動（この名前はスコットランドのラテン語名「カレドニア」に由来する）の間に起こったもので、ヨーロッパの核にあたる部分（バルト楯状地として知られる）が現在のカナダ北東部とグリーンランドにあたる場所に衝突したために起こった。この大規模な造山運動は、その直前に形成されたシルル紀の岩石をもみくちゃにした。その後、結果としてできたカレドニア山地が浸食され、川砂ができ、最終的に旧赤色砂岩が形成された（ニューヨーク州のキャッツキル砂岩も、カレドニア山脈と連なるアカディア山脈の浸食で同じように形成された）。

ハットンの次の世代になると、ヒュー・ミラーというスコットランドの謙虚な石工のおかげで旧赤色砂岩は有名になった。ミラーは船長の息子だったが、一七歳までしか学校に行かなかったため、化石を本格的に研究するのに必要な正式な教育を受けてはいなかった。彼のポートレートを見ると、体つきがたくましく、広く強そうな肩をしており（おそらく長年石工をしていたからだろう）、髪はもじゃもじゃの巻き毛で、もみあげもカールしている（図8・1）。若いころには石切場、特に旧赤色砂岩の石切場で働いていた。石切場が暇な時期には、海岸に露出している旧赤色砂岩をくまなく探し、美しい魚の化石を次々と発見した。やがて旧赤色砂岩の石切場で働いていたほかの人たちも化石をたくさん集めたので、ミラーはそれらの研究に着手した。一八三四年までに、石切場のシリカの砂塵で肺を病みはじめ、石工の生活をやめてエディンバラに移り、銀行員兼作家に転身した。

限られた教育しか受けていなかったにもかかわらず、ミラーは古生物学の歴史の中で最初のポピュラーサイエンス作家の一人になった。一八三四年に出版した『スコットランド北部の風景と伝説（*Scenes and Legends of the North of Scotland*）』は、当時じわじわと増えていた自然史の本を好む読者層のために書かれたもので、スコットランドの地質学と自然史を大衆化したベストセラーだった。その作品に続いて、一八四一年に『旧赤色砂岩、または古い台地の新散歩（*The Old Red Sandstone, or New Walks in an Old Field*）』を出版し、本人の手による図解入りで、岩相とそれに含まれるすばらしい化石魚類やウミサソリを解説した（図8・2）。次の一節が彼のスタイルをよく表している。

わたしの壁の戸棚の半分は、下部旧赤色砂岩の奇妙な化石で覆われている。たしかに奇妙な形態の寄せ集めが一つにまとめられることはまれだ。失われた種類の生物たち。風変わりで洗練されていない。どんな綱に分類すればよいのかと博物学者は頭を悩ませる。――オールと舵が

▲図 8.1　ヒュー・ミラーの肖像画

ついた小舟のような動物たち。――亀のように上下に装甲を持つ魚には強い骨の鎧があり、舵のようなひれを一つだけ持つ。ほかの魚の形はあまりあいまいではないが、ひれの薄膜はびっしりと鱗に覆われている。――棘がつんつん生えた生物。そのほかはエナメルのコーティングでギラギラ光り、まるで美しい漆塗りのよう――尾は、いかなる場合も、あいまいな形をしていないものの一つだが、現生の魚のように脊柱の両側に等しくは形成されておらず、おもに下部にある――脊柱は、小さくなっていく椎骨がひれの末端まで続いている。すべての形状ははるか昔――「形式が廃れてしまった」時代――の証拠である。

ミラーはその著作によって博物学者として名を馳せたものの、訓練を積んだ古生物学者ではなかった。だが幸運なことに、イギリス科学振興協会の会合で、スイスの伝説的な古生物学者で化石魚類の専門家のルイ・アガシーに会った。すばらしいミラーの標本は、分析できる人の手に渡ることになり、ほどなくしてすべてがアガシーによって命名され記載されたのだった。

ミラーは自分の著作を宗教観を主張するために使い、イギリスでも徐々に盛んになってきたフランスの進化論的な考えと戦うために利用した。一八四九年に出版された『創造主の足跡――またはストロムネスのアステロレピス（*The Foot-prints of the Creator or, The Asterolepis of Stromness*）』は、一八四四年にスコットランドの出版業者ロバート・チェンバースが出版した『創造の自然史の痕跡（*Vestiges*

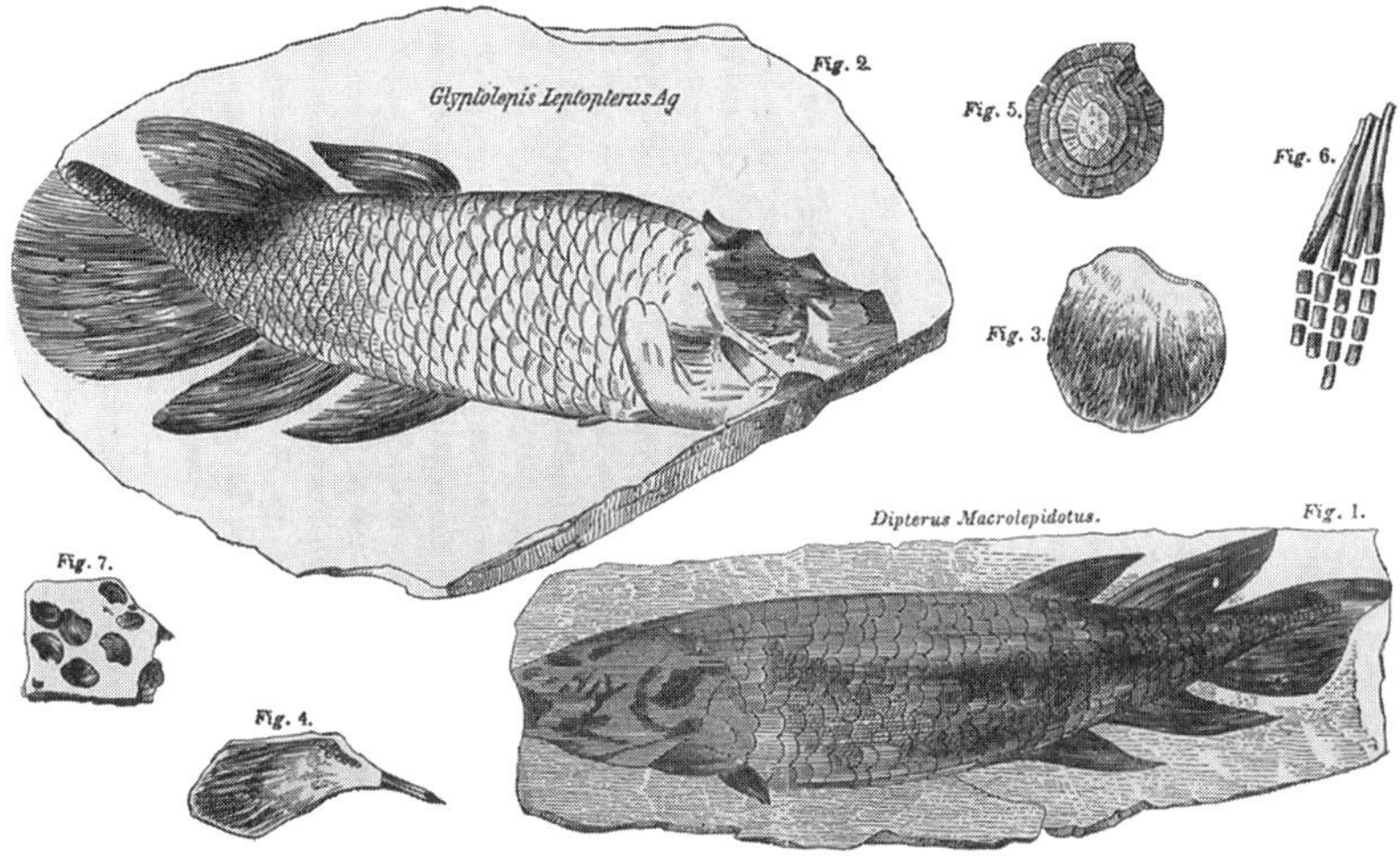

▲**図 8.2**　肉鰭類のグリプトレピス（両生類の遠縁、左）と化石肺魚のディプテルス

of the Natural History of Creation）』の中で提唱されたセンセーショナルな進化論を攻撃するものだった。

しかし、彼は聖書直解主義者ではなかった。当時のほとんどのイギリスの地質学者と同様に、ノアの洪水はメソポタミアで起こった局地的な現象であり、また、化石記録は聖書に書かれていない度重なる創造と絶滅を示していると考えていた。時間とともに起こる変化を化石記録が示していることを認めてはいたものの、後の種がそれよりも前の種に由来することは否定していた。

一八五六年にミラーは、不幸なことに、五四歳で原因のわからないひどい頭痛に苦しみはじめ、精神病を患って、最後の作品となった『石の証し（*The Testimony of the Rocks*）』

の校正ゲラを出版社に送った後に胸を撃って自殺した。科学界は喪に服し、エディンバラ史上最大級の葬儀が営まれた。スコットランドの科学者ディヴィッド・ブルースター卿はこう記している。「ミラー氏はその才能と傑出した人格によって、地位の低い職業から社会的にかなり高い地位にまでのぼりつめるという、スコットランドの科学史上でまれにみる人物である」。フグミレリアというウミサソリやミレロステウスという原始的な魚、多くの「milleri」という名前を持つ魚の種など、おびただしい数の化石がミラー（Miller）にちなんで命名されている。

魚の時代

旧赤色砂岩はデボン紀、つまり魚の時代に堆積した地層であるため、その時代に起こった異なる種類の魚の大放散が記録されている。今日見られるようなサメや条鰭《じょうき》類の化石だけではなく、肺魚《はいぎょ》を含む肉鰭《にくき》類の化石もある（図8・2）。頭から胸部まで装甲で覆われた板皮《ばんぴ》類と呼ばれる原始的な有顎魚類の放散もあった。板皮類はすべてデボン紀末に絶滅した。

また、それらの化石には装甲を持つ無顎《むがく》魚類の大放散を示す最初の証拠も含まれている。一八三〇年代と四〇年代にアガシーが、プテラスピスとケファラスピスを含むいくつかの種を記載した（図

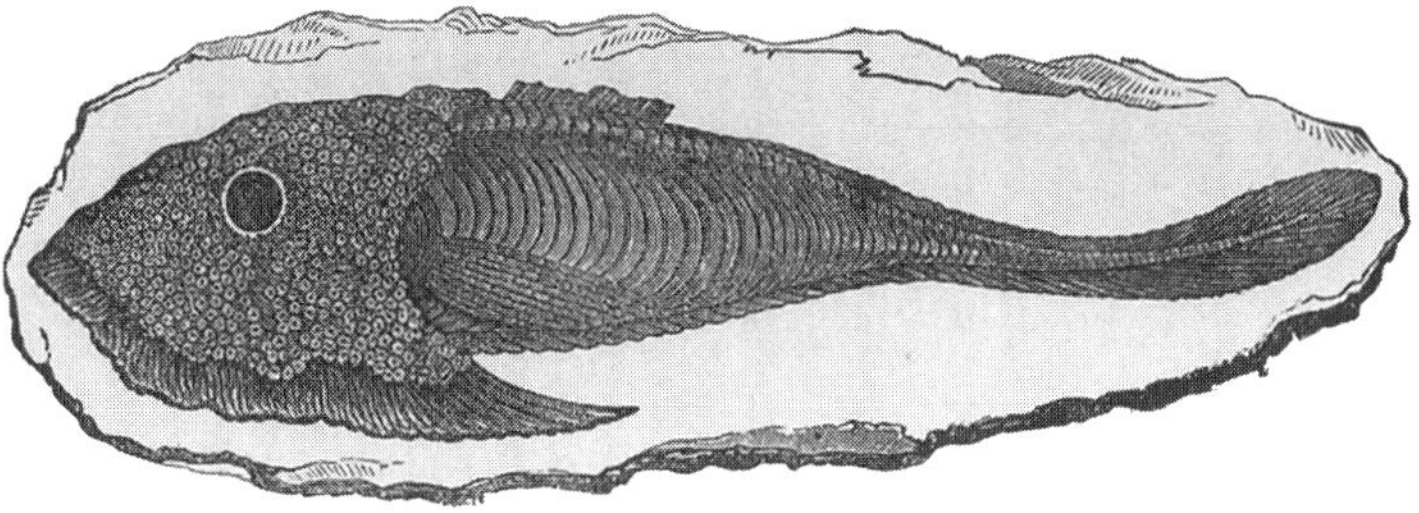

▲図 8.3　装甲を持つ無顎魚類のケファラスピス

8・3）。ミラーは自分の魚の化石には進化の証拠は見られないと主張していたが、自分が何を言っているのか理解できるほど解剖学に精通しているわけではなかった。だが、デボン紀の無顎魚類の存在は、無顎魚類から現代の有顎魚類への進化にいくつかの段階があったことを示唆していた。

ほかの多くの場所からも装甲を持つ無顎魚類の化石がすぐに発見され、顎のない祖先から有顎脊椎動物がどうやって進化したのかについて、さらなる証拠が得られた（図8・4）。

プテラスピスとその類縁（異甲類）は装甲で覆われた魚雷型の体を持つことが多く、背や側面から長い棘がつき出ていたり、尾のおもな葉が下を向いていたりすることが多い（図8・5）。異甲類には小さな切りこみのような口があるだけで、顎はなく、遊泳用の筋肉が発達した強いひれもなかったため、オタマジャクシのように泳いで水を吸いこみ、口から鰓《えら》まで通過させて、中に含まれる粒子を濾過摂食していたのではないかと考えられている。それとは対照的にケファラスピス（図8・3）とその類縁（骨甲類、または甲皮類）

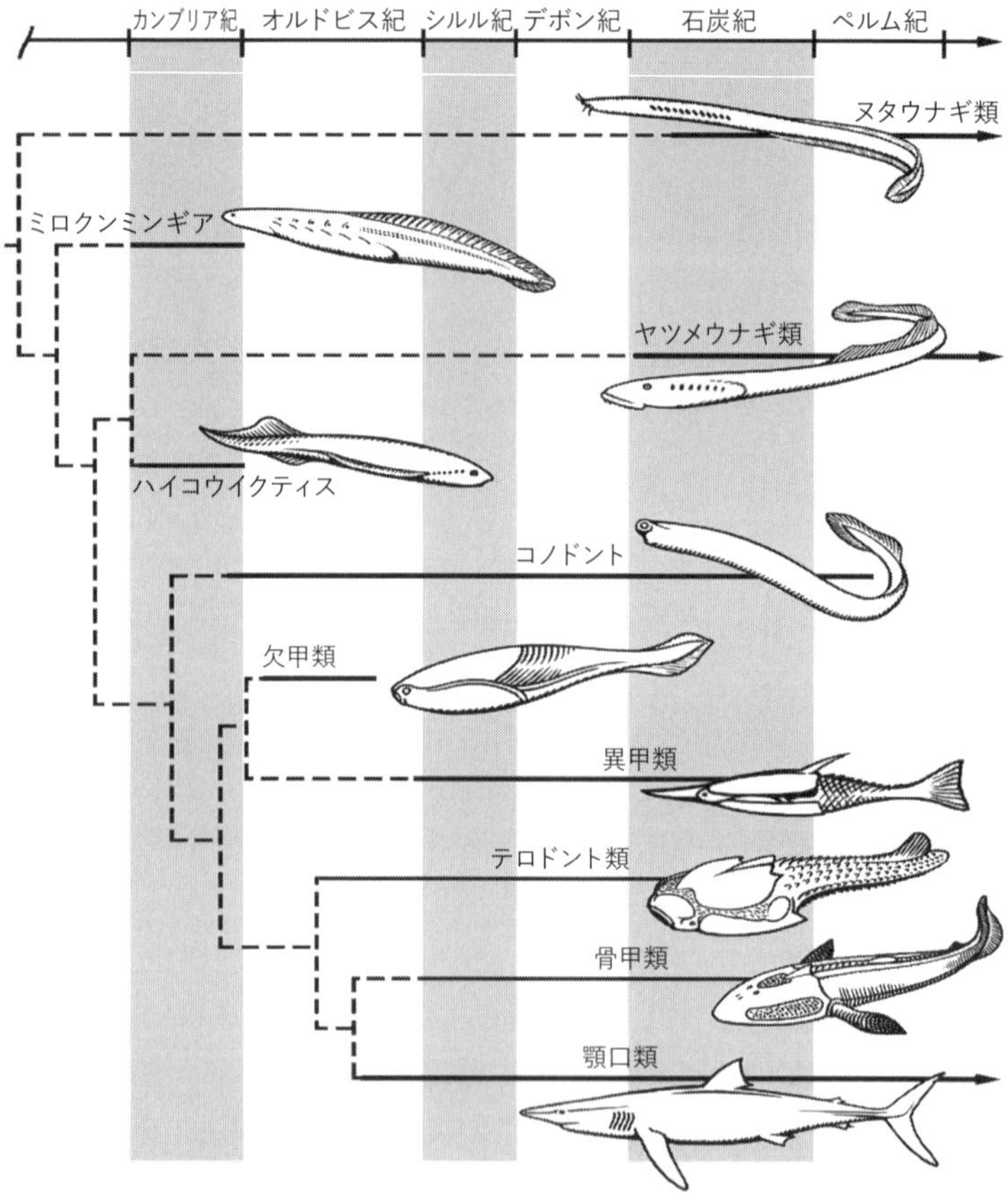

▲図 8.4　さまざまなグループがいる無顎魚類の系統樹

▲図 8.5　装甲を持つ無顎魚類プテラスピス。異甲類の生物
A：頭の盾
B：生きている姿の復元図

は下部が平らなドーム型の頭を持ち、尾はおもな葉が上を向いている（現代のサメの尾と同様）。それらは海底を泳ぎ、顎のない口で泥を吸いこんで、泥の中の有機物を食べていたと考えられている。

古代の魚釣り

時がたつにつれ、装甲を持つ無顎魚類の化石はデボン紀の地層からどんどん見つかり、ついには世界中のシルル紀の地層からも発見されるようになった。だが、簡単に化石になるパーツは外側の骨の装甲しかなかった。サメやほとんどの原始的な魚と同様に、硬い骨の骨格がなく、かわりに軟骨で形成されていたのだが、軟骨は化石化しにくい。もし装甲がなければ、それらのほとんどは化石記録にまったく姿を現さなかっただろう。

長きにわたり、シルル紀以前の無顎魚類（いや、あらゆる種類の魚）の証拠は存在しなかった。オルドビス紀の海は五・五メートルのオウムガイなどの大型の捕食動物に支配されており、オルドビス紀の海洋生物の化石記録は豊富にあるにもかかわらず、骨の痕跡はこれっぽっちも見られなかった。唯一のヒントは、コロラド州キャニオンシティの近くのハーディング砂岩に含まれる化石など、非常にまれに見つかるものだけだった。

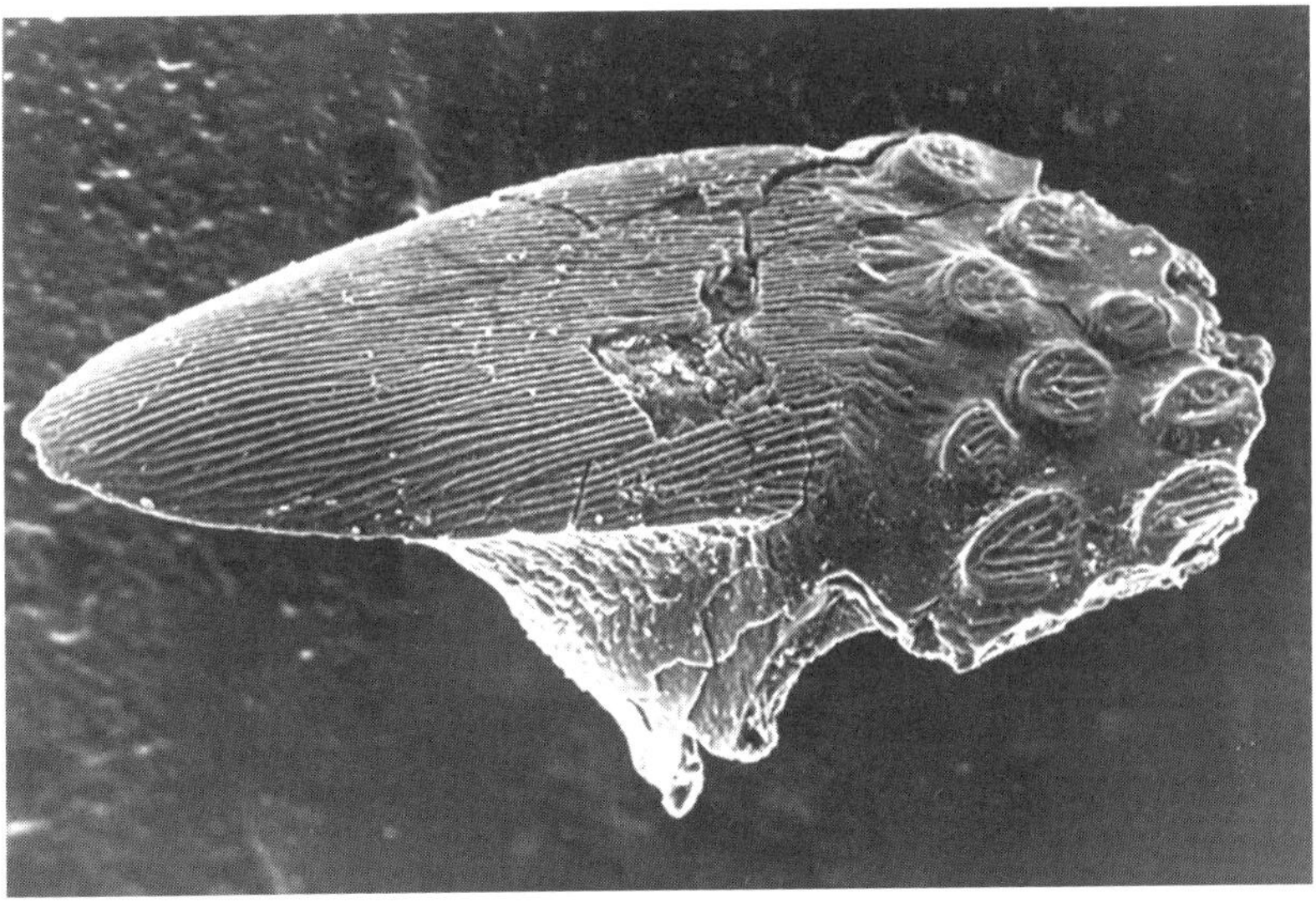

▲図 8.6　カンブリア紀の無顎魚類アナトレピスの皮膚装甲の一部
分離された小さな板の破片（直径約 1 mm）。アナトレピスは骨をつくった最初期の脊椎動物の一つである

ハーディング砂岩は中期オルドビス紀のもので、アストラスピスと呼ばれる無顎魚類の骨質の装甲の小片がたくさん含まれている。

そして、一九七〇年代と八〇年代になって、ようやくそうした最初期の脊椎動物の完全な標本が発見された。例えばオーストラリアのアランダスピス、南アメリカのサカバンバスピス（今ではオーストラリアでも見つかっている）などだ。

オルドビス紀の無顎魚類は濾過摂食するシンプルな吸引管のような魚にすぎず、体は小さな板の装甲で覆われていた。体の幅は広く平らで、いかなる種類のひれや棘もほとんどなく、食べ物が豊富に含まれる水を吸いこむための幅の広い切りこみのような口があり、単純で非対称的な尾を持っていた。プテラスピスに見られる板のような装甲のかわりに、鎖かたびらにやや似た数百の小さな骨の破片で覆われていた。眼は小さく、体の外側には周囲の水の動きを感知するために使用する筋（側線）があった。当時のほかのほとんどの動物化石に比べて、オルドビス紀の魚の化石は非常にまれにしか見つからない。さらにじれったいのはカンブリア紀の地層からは見つかっていないことだった。

一九七〇年代にアメリカ地質調査所の古生物学者ジャック・レペツキーがワイオミング州のデッドウッド砂岩に含まれるコノドントと呼ばれる微化石を研究していた。その岩石は後期カンブリア紀のものだった。彼はコノドントを発見するためにカルシウムの化石を溶かし出している最中に（コノドントは脊椎動物の骨と同じリン酸カルシウムでできている）、風変わりな形の破片を見つけ、それらがアナトレピスと呼ばれる無顎魚類の皮膚装甲であることに気がついた（図8・6）。本当にそれが脊椎動物のものなのかどうかという長く続いた議論にも決着がつき、現在ではアナトレピスが、骨組織の化石として、知られているなかでは最古の脊椎動物である。

脊椎動物とその先祖のつながりをたどる

したがって、古い岩石からさらに古い岩石へと脊椎動物の化石探しを続けていくと、骨が進化する以前に形成された岩石のところで突然行きづまり、手がかりがなくなってしまう。今でもアナトレピスの皮膚装甲の破片が骨質標本としては既知で最古の化石である。それよりも古い動物は軟体の動物で、軟骨や軟組織からなるため、よほど条件が整っていないかぎり、めったに化石にはならなかった。

それ以上は骨質の化石から証拠を得られなかったため、生物学者と古生物学者は、脊椎動物とその祖先の間の点と点を結んで全容を明らかにするために、今度は下から上へたどっていくことにした。

ほら、そうすれば記録は豊富にある。なぜなら脊椎動物とすべての動物界を結びつける、移行を示す動物は現在もたくさん生きているのだ――しかも、多くの動物の化石も豊富に残っている。

哺乳類や鳥類、爬虫類、両生類、そして魚類は脊索動物門に属する。脊索動物という名前は、胚のときに（時には生体になっても）体を支えるために背中に長くて柔軟な軟骨の棒（「脊索」）を持つことに由来する――脊索は脊柱の前身である。

脊索動物に一番近い類縁は半索動物門に属する（図8・7）。今日では、腸鰓《ちょうさい》類（ギボシムシ類）と翼鰓《よくさい》類（フサカツギ類）の二つが含まれている。腸鰓類は、ぱっと見ただけでは何の変哲もない蠕《ぜん》

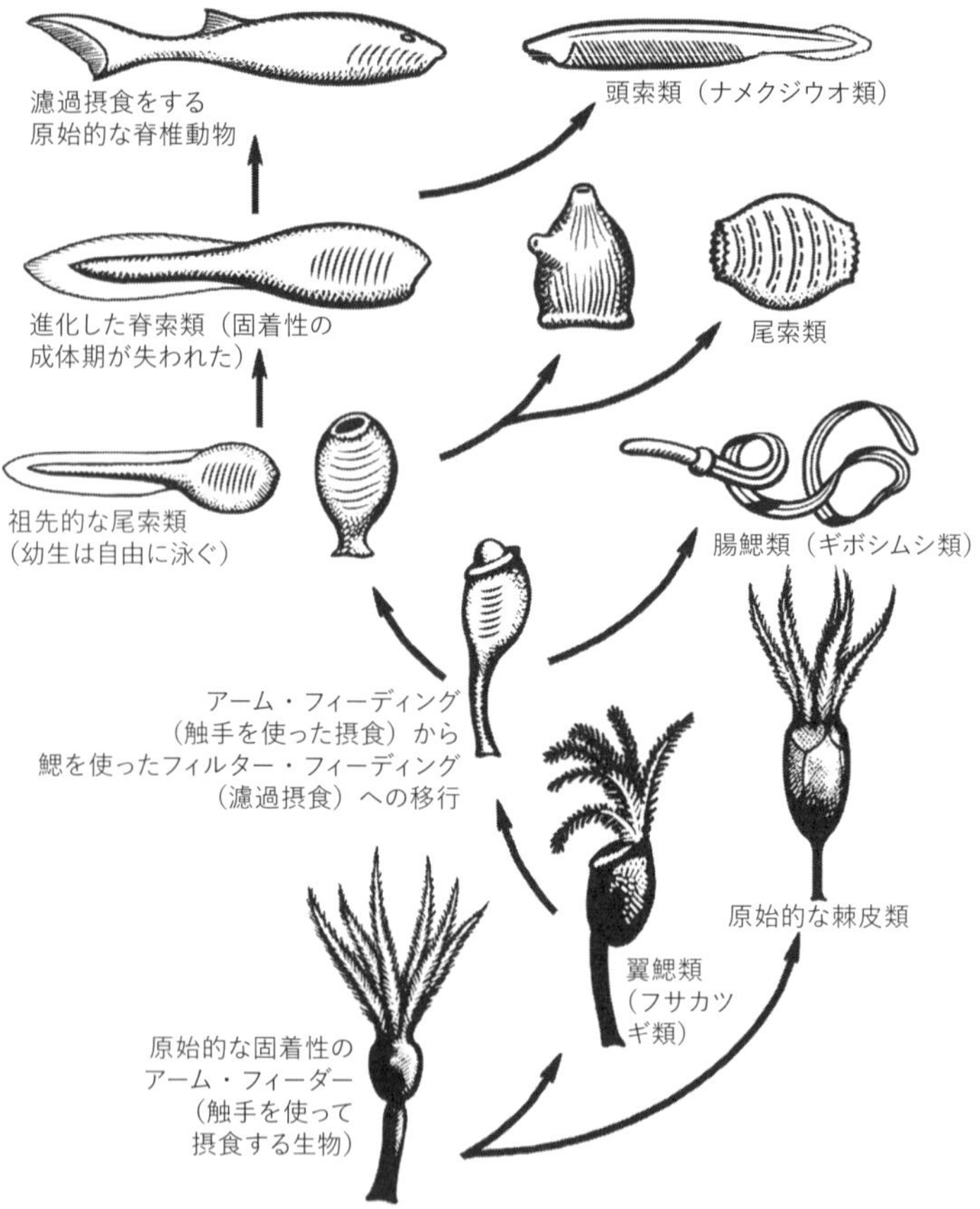

▲図 8.7　1世紀以上前にウォルター・ガースタングとアルフレッド・S・レーマーによって考えられた無脊椎動物からの脊索動物の進化
成体の多くは進化上の行き止まりだが（例えば成体の尾索類）、尾索類の幼生はより進化した脊索類につながる長い尾やそのほかの特徴を保持している

虫《ちゅう》類という感じだが、脊索に似た初期の構造を持ち、脊索動物と共通の構造である咽頭も持つ。さらに、背側に神経索があって、腹側には消化管があり、これはすべての脊索動物に見られる配置と同じで、ほとんどの無脊椎動物とは反対である（無脊椎動物は神経索が腹側で消化管が背側）。こうした解剖学的な類似性は、脊索動物などの胚発生の研究で裏づけられている。また、DNAの分子解析からは、脊椎動物の共通祖先に非常に近いことに加えて、無脊椎動物では棘皮《きょくひ》類（ヒトデやナマコやウニなど）にもっとも近いことが示されている。

脊椎動物への次のステップは、世界中の海に二〇〇〇種以上生息しているグループ、尾索《びさく》動物亜門、またの名はホヤ動物だ（図8・7）。腸鰓類と同様に、ホヤはちょっと見ただけでは魚には似ていないが、外見にだまされてはいけない。成体はぱっとしないただのゼリー状の小さな袋のようなもので、バスケットのような体で海水を濾過する。しかし、幼生は魚やオタマジャクシに非常によく似ており、よく発達した脊索、筋肉が対になった筋肉質の長い尾、大きな咽頭のある頭など多くの重要な特徴を持つ。またしても、道を開いてくれるのは発生学的な証拠である。これは分子的な証拠で裏づけられており、尾索類は海にすむどの無脊椎動物よりも脊椎動物に近い、ということが明らかに示されている。

無脊椎動物と脊椎動物を結ぶ最後のステージは、またもや海にすむ目立たない動物である。それはナメクジウオ、つまり頭索類（ナメクジウオ類）だ（図8・7）。この取るに足りない銀色の動物は、長さがたった数センチしかなく、真の魚ではないことを抜きにすれば、じつに魚らしいということが詳細な研究で判明している。ナメクジウオは体全体を支える長く柔軟な脊索を持ち、無数のくの字型の筋肉が並んでいるため、泳ぐのがうまい。背にそって神経が走り、消化管が腹側にあるのはすべての脊索動物と同じである。顎や歯はないが、口は咽頭と鰓籠《えらかご》につながっており、それで食べ物となる粒子を捕捉する。真の眼はないが、光に反応する色素が前面にあって明暗を検知できる。海底を掘って尾を潜らせ、浮遊している餌となる粒子をとらえるために頭だけ出して生活している。

そして、ナメクジウオが前期カンブリア紀ぐらいから存在していたことがいくつかの状態のよい化石からわかっている——そのころにちょうど魚の進化が始まったのだ。そうした状態のよい化石としては、カナダのバージェス頁岩のピカイア（第5章）や、それに似た中国の澄江《チェンジャン》動物群の一つであるユンナノゾーンなどがある。ユンナノゾーンは前期カンブリア紀（五億一八〇〇万年前）のものである。

魚臭いつながり

わたしたちは脊椎動物の祖先をオルドビス紀からデボン紀の無顎魚類からたどってきた。骨の最古の証拠は後期カンブリア紀のものだった。しかし、最古の魚は軟体だったので、それ以上の証拠を骨の化石から得ることはできない。次に、軟体の脊索動物の系統樹を下からのぼってきた――腸鰓類などの半索動物から、尾索類、さらには、ほぼ完全に魚のようだが脊椎動物を定義する重要な形態上の特徴（はっきりと区別できる「頭」、二つの部屋に分かれた心臓、神経堤細胞と呼ばれる重要な発生学的特徴）に欠ける頭索類まで。わたしたちに必要なのは、軟体で脊椎動物の特徴をほとんど持つが、いかなる種類の骨の装甲もまだ持っていない動物だ――それさえあればすべてが完全につながる。

案の定、一九九九年に中国の科学者グループとサイモン・コンウェイ・モリスが、前期カンブリア紀（五億一八〇〇万年前）の中国の澄江動物群から、ハイコウイクティス（海口《ハイコウ》の魚）と呼ばれる化石を報告した。この魚はたった二・五センチメートルしかない小型なものだが、その化石には注目に値する特徴が保存されている（図8・8）。はっきりと区別できる頭があり（ナメクジウオにはない）、頭の後ろには個別の鰓と鰓裂《さいれつ》が最大九個並んでいる。短い脊索があり、長い円筒形の体には、背中の中央から尾にかけて幅の広い背びれがあり、尾の基部には腹びれがある。ひれは、ヤツメウナギやヌタウナギのようなほかの無顎魚類と同じで、輻射軟骨で支えられている。

同じ報告書には、澄江動物群に含まれるさらに原始的な魚のような化石も記載されている。そのミロクンミンギアという魚にもはっきりと区別できる頭と軟骨でできた頭骨があり、頭の後ろには五、六個の鰓裂、背には脊索、そして頭から尾の先にかけては帆のような長い背びれがあり、尾の下に一

▲図 8.8　ハイコウイクティス
A：化石
B：生きている姿の復元図

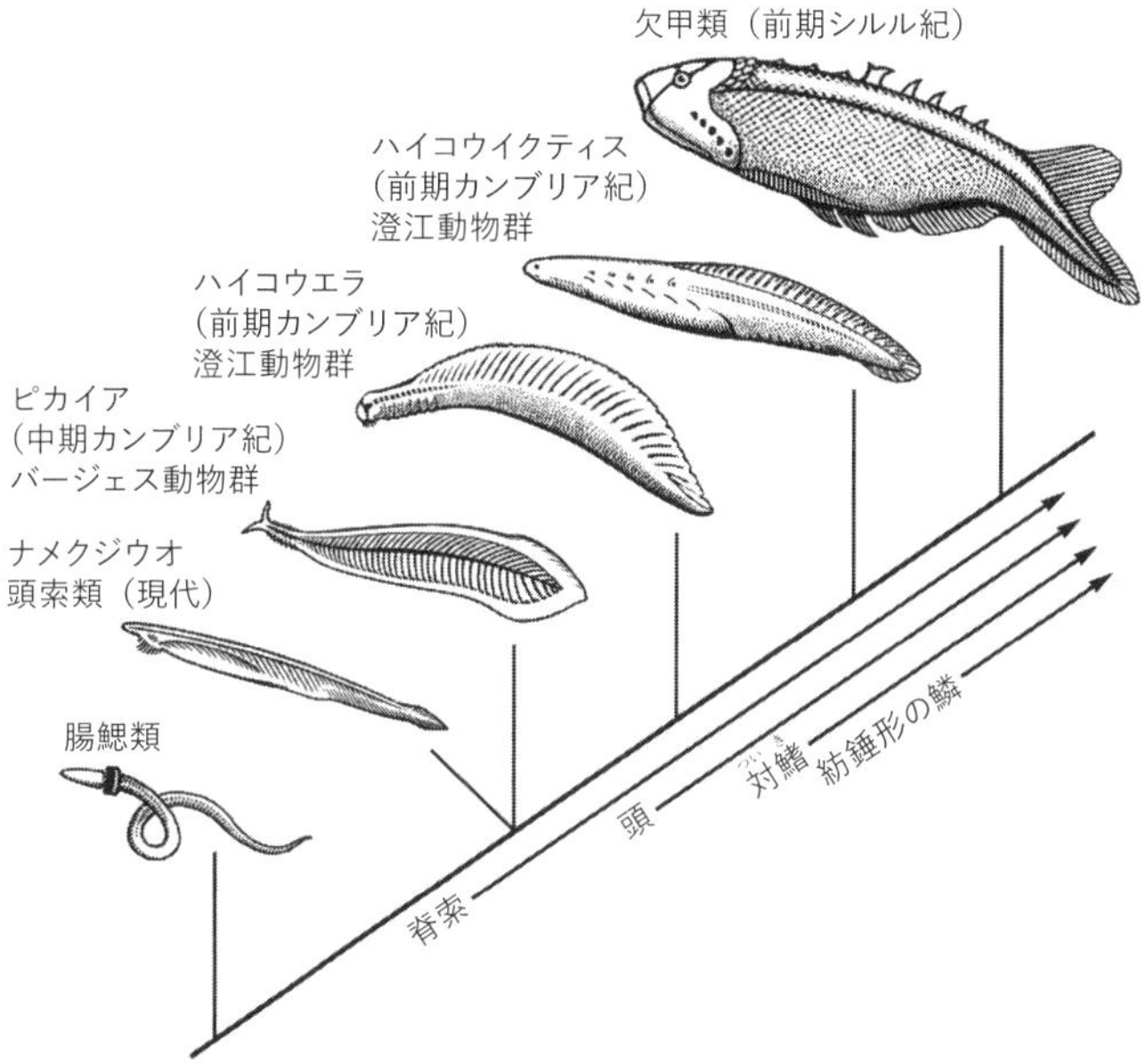

▲図 8.9　進化の段階
ギボシムシからナメクジウオ、ハイコウエラとハイコウイクティス、最後に骨のある無顎魚類の欠甲類へと続く

対の腹びれを持っていたようだ。標本は一つしかなく、保存状態もあまりよくないので、その正体についてたしかなことを言うのは難しい。しかし、得られている特徴からは、ハイコウイクティスよりもさらに原始的な脊索動物だったと考えられる。

そして、同じ前期カンブリア紀の地層から見つかっている第三の生物がハイコウエラだ。体の長さは二〇～四〇ミリメートル以上。三〇〇以上の標本が見つかっている。

明らかに頭と脳と鰓があり、尾まで続くよく発達した胴の筋肉を支える脊索、循環系を持つ心臓、胴から尾までのびる長い背びれ、尾の先端の下に小さな腹びれを持つ。いくつかの標本では、頭のわきに眼があった可能性もあり、もしそれが本当であれば、脊索動物としてははじめてである。

要するに中国の前期カンブリア紀の地層は、明らかに脊椎動物の系統に属す、頭索類よりも進化した軟体の脊索動物の宝庫なのだ（図8・9）。それらに小さな装甲さえあれば、およそ二〇〇年前にヒュー・ミラーが発見した装甲を持つ無顎魚類になる。ギボシムシやホヤなどの無脊椎動物から疑問の余地のない最初の魚まで、途中に断絶も失われた化石もなく、移行はこうして完成する。

自分の目で確かめよう！

中国の前期カンブリア紀の魚類を展示する博物館はない。しかし、初期の魚類に関する優れた展示が見られる博物館は多い。

ニューヨークのアメリカ自然史博物館やクリーブランド自然史博物館、シカゴにあるフィールド自然史博物館、ワシントンD.C.にあるスミソニアン博物館群の一つの国立自然史博物館などだ。

スコットランドのエルギンにあるエルギン博物館には、近くの旧赤色砂岩から発見された魚類やほかの化石の最大級の展示があり、ヒュー・ミラーの論文や書籍やノートなどの大量のアーカイブも所蔵されている（http://elginmuseum.org.uk/museum/collections-fossils/）。

第9章　最大の魚・カルカロクレス　巨大な歯

サメは科学者が夢見るものをすべて兼ね備えている。サメは美しい神だ。なんと美しいことか。ありえないほど完璧な機械のようだ。鳥に負けないぐらい優雅で、地上のどの動物よりもミステリアス。どのくらい生きるのかたしかなことは誰にもわからないし、どのような衝動に反応するのかもわからない――飢えをのぞいては。サメには二五〇種以上が存在し、それぞれが異なる。

――『ジョーズ』ピーター・ベンチリー

伝説的なシャークトゥースヒルへの訪問

一九五〇年代後半から六〇年代に南カリフォルニアで幼少期を過ごしたわたしは、恐竜などの化石に熱中する子どもだった。カブスカウトに所属していたころには、すでに近くにある重要な化石産地のほとんどに行ったことがあった。例えば、トパンガ・キャニオンの貝化石の層や哺乳類の化石を含むレッドロック・キャニオンの鉱床など、どちらも中新世のものだった。そして、何度も何度も繰り返し、ベーカーズフィールドの近くにある伝説的なシャークトゥースヒル（サメの歯の丘）の話を耳にした――およそ一六〇〇万〜一五〇〇万年前に太古のカリフォルニアのセントラルバレーの深海に堆積したサメの歯や海洋生物の化石が見つかる場所だ。だが、ほとんどのボーン・ベッド〔訳注：大量の化石が発見される地層〕は私有地にあり、「立ち入り禁止」と書かれたフェンスに囲まれているため、どうすれば採集できるのか誰も知らなかった。

その後の三〇年間は違う研究に取り組んでいたのだが、一九九七年ごろになって、ボブ・アーンストという地元の牧場経営者が学校の授業や非営利組織の研究者に自分の土地での採集を許可していることを同僚から聞かされた。わたしは直接アーンストと連絡をとった。そして、わたしの受け持っていたオクシデンタル大学の古生物学講座では（カリフォルニア工科大学のいくつかの古生物学講座でも）、現地調査旅行の行き先としてシャークトゥースヒルがすぐに定番になった。

二〇〇二年には、それまでに行われてきたよりもはるかに多くの研究がシャークトゥースヒルで必要なことを実感した。今までよりも正確に地層の年代を知るために、学生たちと一緒に磁気層序学〔訳注：層序学の一つで、磁気的性質にもとづいて岩石や地層を分け、地域間の対比や編年を行う〕と呼ばれるテクニックを使って、岩石に記録されている地磁気の変化を測定した。ロサンゼルス郡立自然史博物館のラリー・バーンズ（一九六〇年代初頭からのシャークトゥースヒルのベテラン）やほかの多くの研究者と協力して、さまざまな陸生哺乳動物の同定を行った。それらの動物は深海に流れ着き、埋められて、サメや海洋生物とともに化石になったものだった。学生たちと共同で論文を執筆して研究結果をすべて発表したので（おもに二〇〇八年に）、この鉱床に対するわたしたちの理解は飛躍的に深まった。

この伝説的なボーン・ベッドへの訪問は驚きの体験だ。まず、ベーカーズフィールドからシエラ・ネバダの山麓の丘に向かって北東に進んでいくと、次から次へと巨大な油田を通り過ぎる。ベーカーズフィールド周辺では現在も油田が非常に盛んに操業されており、カリフォルニア州で最大級の油田地帯になっている。その後、砂利道から牧場のゲートへ続く脇道に入る。ゲートでは暗号を使って鍵の開け閉めをしなければならない。さらに別の砂利道を数マイル進む。低木や草が生えた穏やかに波打つ低い丘をぬっていくと、突然、ブルドーザーで丸裸にされた場所が見える。さあ、車から飛び出し、道具をわしづかみにし、ボーン・ベッドの表面にべたっと張りつくのだ。

必要なのは、軟らかい砂の中を調べるための千枚通しなどの道具と、塵を払うための手箒か絵筆だけだ。ボブ・アーンストは時々ブルドーザーを呼んで、骨を含む層の上にある化石を含まない岩石の表土を削り取り、今後の調査のために地層を露わにしていた。また、防塵マスクをつける人も多いが、このエリアではサン・ホアキン熱（コクシジオイデス症）と呼ばれる、土壌に生息する胞子を原因とする真菌感染症にかかる可能性があり、感染するととても具合が悪くなるからだ。ほとんどの日には、焼けつくような日差しを避けるために帽子とゆったりした長袖を身につけたり、日焼け止めを大量に塗ったりせねばならず、アウトドアやスポーツ観戦用の快適なクッションを持って行くのも賢明だ——長時間硬い地面に座りつづけることになるのだから。

だが、見返りは非常に大きい。ボーン・ベッドは硬い骨の破片と歯からなり（岩石一立方メートルあたり二〇〇〇種以上が含まれている）、時々クジラの骨や頭骨も含まれている。それらはすべてもろい砂の中にあるため、刷毛《はけ》ではらえば比較的簡単に取りだせる。硬いのみも要らなければ、岩石用ハンマーでこつこつ削る必要もないのだ。ひとすくいして調べれば、小さなサメの歯がどんどん出てくる。軍手もあったほうがよい。サメの歯の先端は今でも鋭く、油断して素手で砂の中を探していると指を切ってしまうからだ。シャークトゥースヒルのサメはとうの昔に絶滅していても、いまだに噛みついてくるのである。

▼**図 9.1**　シャークトゥースヒルで見つかる典型的な歯
もっとも豊富に見つかるアオザメの歯に囲まれたカルカロクレス・メガロドンの歯

シャークトゥースヒルで見つかるサメの歯は、ほかのサメのものも三〇種あまりあるものの、圧倒的にアオザメ属に含まれるさまざまな種のものが多い（図9・1）。ぼろぼろになった識別不能な骨の破片もたくさん出てくるし、ひどくすり切れたクジラの椎骨もあるが、同定できないので誰も取っておかない。だが、たびたび見つかるしっかり石灰化したクジラの耳骨（種ごとに非常に特色がある）や、さらにまれに見つかるほかの海洋哺乳類の一部分はまちがいなく取っておく価値がある。このボーン・ベッドからは数十種類のクジラやイルカから初期のアシカやアザラシ、そして変わった動物、例えば束柱《そくちゅう》目と呼ばれるカバに似た絶滅した哺乳類、さらにはマナティーの絶滅した類縁まで、さまざまな海洋哺乳類が大量に見つかっている。

しかし、一番の掘り出し物は何と言っても巨大なサメ、カルカロクレス・メガロドンの非常に大きな三角形の歯だ。アーンストの牧場では、訪問者は見つけた化石をすべて持ち帰ることができる（博物館の場合は保存状態のよいクジラの頭骨も持ち帰ることができる）が、カルカロクレス・メガロドンの歯だけは例外だ。収集家の間で高値で取引されているため、人々がそこで採集して楽しめるように、彼はそれを売って経費を払っていたのだ。しかし、わたしのよき友、ボブ・アーンストは二〇〇七年に突然他界してしまい、牧場の今の状況は変わっている。

シャークトゥースヒルのボーン・ベッドは長きにわたって謎だった。どのくらい古いものなのか。どうやって形成されたのか。どのくらいの水深だったのか。どうしておびただしい骨や歯が一つの地層に集まることになったのか。謎の多くはバーンズによってはるか以前に解明されていたが、スミソニアン協会のニコラス・パイエンソンとわたしの最近の研究によって、ほとんどの疑問に答えが出た。

まずは簡単な答えから見ていこう。わたしたちの古地磁気年代測定では、ラウンドマウンテン・シルト岩のボーン・ベッドを含む部分の年代は一五九〇万～一五二〇万年前と推定された。したがって、ボーン・ベッドの年代はおよそ一五五〇万年前であることが示された。シルト岩に含まれる微化石から、水深は非常に深かったと考えられる（少なくとも一〇〇〇メートル以上の深さだった）。

では、なぜ大量の骨が集積したのだろうか。中新世にそこに広がっていた深海盆の土砂の堆積速度は極端に遅かったようだ。ボーン・ベッドはラグ堆積物［訳注：細かな堆積物が運搬された後に残った残留堆積物のこと］、またはほとんど土砂が堆積しない状態で、長期にわたって海底にたまった骨と歯の集積物だと考えられている。浸食されて陸から流れてきた泥や砂のほとんどが局所的な地形によってとらえられたか、または進路が変わったために、海底のこの部分には土砂が流入しなかったらしい。

化石は壊れているか、ばらばらになっているものがほとんどで、死んでから海底に沈む前に死骸がずたずたにされたと見られる。そして、摂食の際に抜けつづけるサメの歯とともに集積した。しかし、クジラやほかの海洋生物の骨格が、関節がつながった完全な状態で発見されることもあり、死骸が無傷のまま沈んで、腐食生物によってばらばらにされないこともたまにはあった。骨の集積は「中期中新世の気候最良期」と呼ばれる時代に起こった。その時代に地球規模の温暖な気候によって世界中でプランクトンや海洋生物、特にクジラ類の大放散が起こった。そのような条件から、クジラ類の群れ（とサメ）がこの地域で摂食していただけではなく、中新世のこの前後のステージに比べて堆積速度が遅くなった一因にもなった。

化石の多様性には目を見張るものがある。少なくとも一五〇種の脊椎動物が知られており、アオザメの歯が断然多いものの、三〇種類以上のサメの歯が見つかっている（図9・1）。現生爬虫類の中で最大のオサガメよりも三倍大きい巨大なウミガメもいた。ラウンドマウンテン・シルト岩のボーン・ベッド以外の部分、特に下にある浅海のオルセス・サンドには、さまざまな種類の二枚貝や巻貝が豊富に含まれている。少なくとも三〇種の海洋性哺乳類の化石もその地層から見つかっている。

しかし、同僚とわたしがもっとも驚いたのは、死骸として深海に流れつき、その後に海底に沈んだにちがいない多様な陸生哺乳動物だった。一〇〇年以上にわたる採集の結果、多様でほとんどが同定されていない陸生哺乳動物の化石が博物館のコレクションにおさめられているが、ラリー・バーンズ、リチャード・テッドフォード、エドワード・ミッチェル、クレイトン・レイ、サミュエル・マクラウド、デービッド・ホイッスラー、シャオミン・ワン、マシュー・リッターとわたしは、二〇〇八年に数十年遅れでようやく発表にこぎつけた。それらにはマストドン、二種類のサイ、バク、多くのラクダとウマ、シカに似たドロモメリシド、猫、犬、イタチ、そして絶滅した「犬のようなクマ（アンフィキオン）」などが含まれる。これらの哺乳類はすべて、シャークトゥースヒルから近いカリフォルニア州バーストーやレッドロック・キャニオンなどの中期中新世の地層や、アメリカ西部全域（特にネブラスカ、ワイオミング、そしてサウスダコタの大平原諸州）ですでに発見されていた。このプロジェクトに取り組んでいる間、地元の博物館で化石を同定するために、最良の標本を機内持込手荷物として持ちこんで、わたしは街から街へと飛行機で飛びまわった。

サメがはびこる中新世の海

シャークトゥースヒル周辺で見つかるような巨大なサメが世界中の海を泳いでいた。巨大なサメの化石は、有名なノースカロライナ州のリー・クリーク鉱山やフロリダ州ボーンバレーの地層、チェサピーク湾ぞいのカルバートクリフス貝化石層をはじめ、アメリカの典型的な中新世の海成地層から大量に見つかっている。ヨーロッパやアフリカ、そしてキューバやプエルトリコやジャマイカを含むカリブ海の多くの場所でも発見されている。カルカロクレス・メガロドンの歯はカナリア諸島からオーストラリア、ニュージーランド、日本、インドまで世界中に分布する。フィリピンの近くのマリアナ海溝の深海から採集されたことさえある。

もっとも古い標本はおよそ二八〇〇万年前の漸新世の地層から報告されたものだ。中新世の前期か

▲図 9.2　10mを超える、復元されたカルカロクレス・メガロドンの軟骨質の骨格

ら中期にかけての温暖な気候で形成された岩石にもっとも豊富に含まれているが、鮮新世の地層（五〇〇万〜二〇〇万年前）からも産出する。もっとも新しい既知の標本は約二六〇万年前のものである。

サメの研究で問題となるのは、体中で歯だけが唯一の骨質パーツであり、ほとんどのサメの化石は歯の化石だけで、それ以外の部分は見つからないことだ。残りの「骨格」は軟骨でできているので、めったに化石にならない（図9・2）。

だが、時々サメの脊柱が部分的に方解石に変わることがあるため、わずかながら背骨も見つかっており、カルカロクレス・メガロドンの背骨もいくつか発見されている。こうした理由から、歯の細部が、現生の類縁がいない化石サメの分類の基礎になっている場合が多い。しかし、幸運なことに、現生サメ類の歯の記録がふんだんにあるので、豊富な軟組織から関係性を読み解くことができる。ほとんどのサメの歯の化石は、よく知られている現生種と結びつけることができるため、関係性を明らかにできるのだ。

だが、この点においてC・メガロドンには問題が一つある。一八三五年に最初の標本を見たルイ・アガシーは、現生のホホジロザメ（カルカロドン・カルカリアス）が属するホホジロザメ属（カルカロドン）に分類した。幅の広い単純な三角形の歯やほかのいくつかの特徴がホホジロザメの歯に一致するように見えたのだ。ただスケールが格段に大きいだけだった。この説は何十年間も広く一般的に受け入れられており、最近までほとんどの専門家がそれにしたがってきた。

しかし、過去一〇年の間にサメの専門家のグループが、C・メガロドンと関係があるのはホホジロザメではなく、ネズミザメ目の少し違ったメンバーで絶滅したカルカロクレスだと主張した。ネズミザメ目にはアオザメ属やほかの数種類が含まれる。また、この巨大なサメはオトドゥスという化石ザメを祖先に持つので、その属に分類すべきだという主張さえある。

現状、サメを研究する古生物学者の合意は、ほかの説よりもカルカロクレスに寄っているので、この章ではそれにしたがって「カルカロクレス・メガロドン」とする。しかし、この章でカルカロドンと呼ぶことも可能で、もしそうしたとしても多くの古生物学者に反対されることはないだろう。

なんてでっかい魚なんだ！

それを何と呼ぼうとも、カルカロクレス・メガロドンは巨大な捕食者で、おそらく海の中で史上最大の魚だ。現生最大の魚であるジンベエザメよりもはるかに大きい。ジンベエザメはプランクトンを食べるおとなしい動物で、巨大な口を開けて大量の水をごくごく飲みこむことで餌を捕まえる（サメとして二番目に大きいウバザメや、クジラで最大のヒゲクジラ類も同じだ）。ジュラ紀の魚、リードシクティスのほうが大きかったという説もあるが、標本が不完全なので長さを正確に知ることはできない。リードシクティスの現在の最大推定値は約一六メートルである。

だが、またしても問題につきあたる。歯と石灰化した部分的な脊柱がわずかにあるだけなので、カルカロクレス・メガロドンの推定値はすべて、歯のサイズから体の長さを見積もる方法を仮定し、それにもとづいて出されたものなのだ。推定を複雑にしているのは、カルカロクレス・メガロドンの顎（軟骨でできているため保存されていない）の初期の復元では、正面の一番大きな歯から顎にかけてしだいに小さくなっていく側歯を含めず、コレクションの中で最大の歯ばかりを使用する傾向にあっ

▼図 9.3　1世紀前にバシュフォード・ディーンがアメリカ自然史博物館で、もっとも大きな歯のみを使用して復元したカルカロクレス・メガロドンの有名な顎。より小さな側歯を使っていないため、今日ではこの復元は大きすぎると考えられている

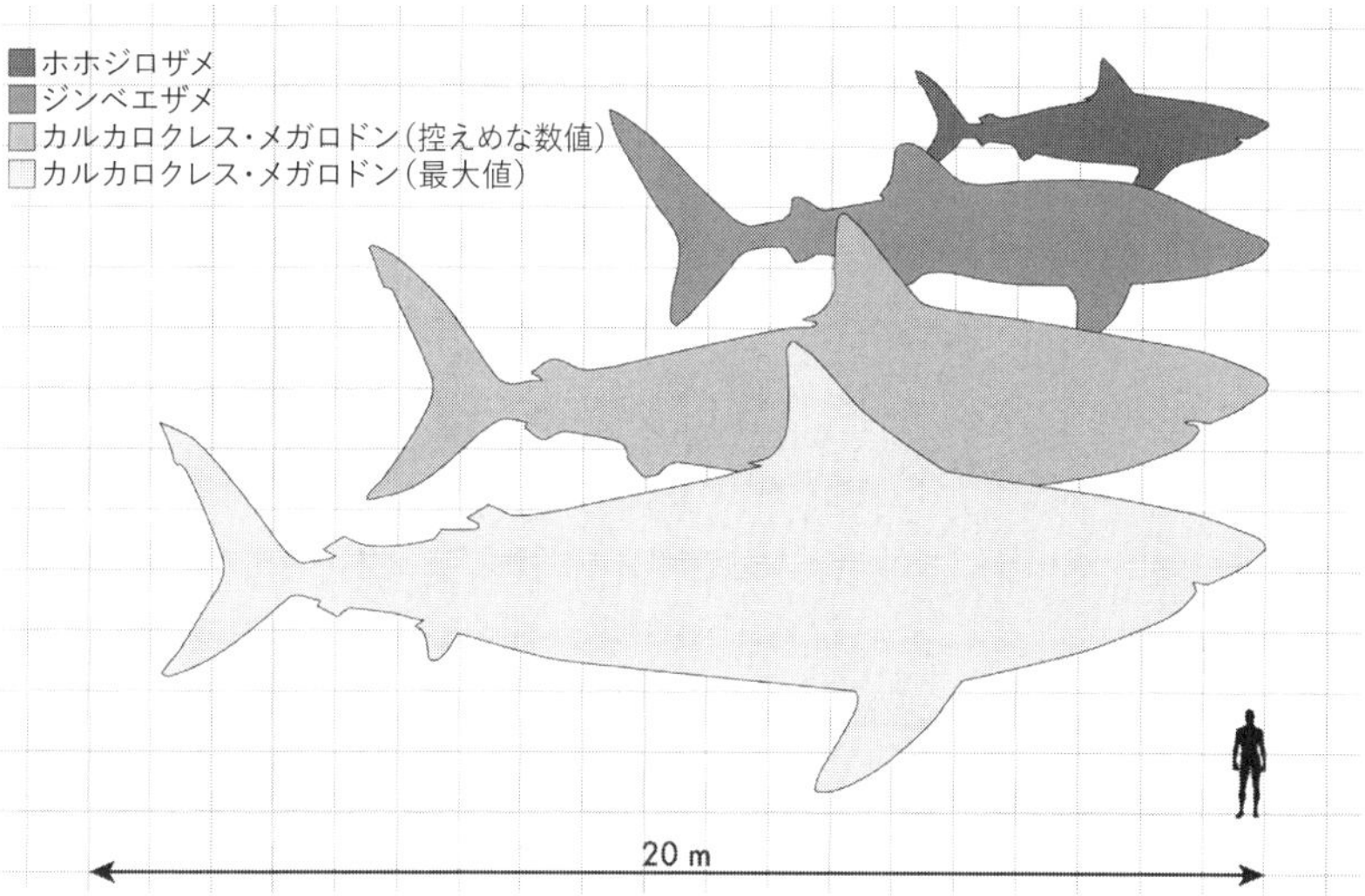

▲**図 9.4**　サメの大きさの比較
ホホジロザメ、現生最大の魚であるジンベエザメ、および、カルカロクレス・メガロドンの二つの推定

たことだ。つまり、かつてアメリカ自然史博物館に展示されていた有名な顎の復元は、前歯しか使用されていなかったため、おそらく大きすぎる（図9・3）。

この問題を解決するために古生物学者たちは、大きさを推定するじつに賢い方法を考案した（図9・4）。アメリカ自然史博物館のバシュフォード・ディーンによる最初の推定は誇張された顎（図9・3）にもとづくもので、長さは三〇メートルと見積もられた。これまで知られている、サメの最大の歯のエナメル質の高さを比較する別の方法では、それよりも小さい一三メートルという数値が出た。

一九九六年には、マイケル・ゴットフリードと数名のサメ専門家が、長さがわかっている七三体のホホジロザメの標本を調べ、最大の歯をもとにして体の長さを推定する方程式を編みだした。彼らが持っていた最大の歯は高さが一六八ミリメートルしかなく、体の長さは一六メートルとされた。しかし、今では一九四ミリメートルの歯もあるので、二〇メートル前後と推測される。二〇〇二年にはクリフォード・ジェレマイアが、最大の歯の根元を測定する方法で推定を試みたが、このとき研究に用いた最大の歯は、既知の最大の歯よりも小さかったにもかかわらず、一六・五メートルという推定値が得られた。また、二〇〇二年には島田賢舟が歯冠の高さと体の長さを比較する別の方法を用いて、最大の歯から一七・九メートルという推定値を出した。しかし、パトリック・シェンブリとステフォン・パプソンは、最大の標本は二四メートルから二五メートルに及んだ可能性があることを指摘した。これは一世紀前にバシュフォード・ディーンが算出した、最初の誇張された推定値に近い大きさだ。

要するに、カルカロクレス・メガロドンの長さを推測するという難題を解く方法はたくさんあるものの、少なくとも一六メートルに達したのはたしかで、二五メートルあった可能性もあるというのが現段階での合意のようだ。控えめな見積もりであっても、現生ジンベエザメの既知で最大の個体の一二・七メートルやリードシクティスの一六メートルという推定値より大きく、どの方法を用いても、これまで海を泳いできた魚の中でもっとも大きい。

いったん体の長さの推定値が得られたら、体重がどのくらいあったのか計算することができる。

▲**図 9.5**　サンディエゴ自然史博物館に展示されているカルカロクレス・メガロドンの実物大の復元

ゴットフリードらは、さまざまな成長段階にある一七五体のホホジロザメの標本の長さと体重の分布を調べ、体の長さから体重を予測する式を導き出した。例えば、一六メートルのカルカロクレス・メガロドンは約四八トンと推定される。一七メートルなら約五九トン。二〇・三メートルの怪物なら一〇三トンという、とんでもないレベルに達するだろう。

カルカロクレス・メガロドンは歯と部分的に鉱化したわずかな背骨しか発見されていないものの、現生ホホジロザメの軟骨をスケールアップさせることでこの怪物の軟骨からなる骨格を復元することができる。チェサピーク湾ぞいのカルバートクリフスで発見された、驚くべき中新世の化石を多く所蔵するメリーランド州ソロモンズのカルバート海洋博物館では、そうした復元がすでに行われ、展示されている（図9・2参照）。サンディエゴ自然史博物館を含むいくつかの施設でも、実物大のカルカロクレス・メガロドンの生き生きとした復元が展示されている（図9・5）。

海の怪物

カルカロクレス・メガロドンのとてつもないサイズからは一つの疑問が生まれる。なぜそんなに大きくなったのだろうか。もっとも一般的な答えは、中新世には大型の獲物が豊富にいたのでサメがそれに適応したというものだろう。特に、中新世の前期から中期に、さまざまな種類のクジラやイルカの大放散があった。同じ地層から発見されている最大のクジラをのぞくと、カルカロクレス・メガロドンはもっとも大きく、真のスーパー・プレデターであり、中新世の海を泳ぐほとんどの生物を殺して食べる能力があった。

そうした習性を示す化石証拠がたくさんある。多くのクジラの骨にはカルカロクレス・メガロドンの巨大な歯以外ではつかないと思われる深い溝や傷が見られ、死骸から肉をむしり取るときに骨に傷がついたことを示している。イルカやそのほかの小さなクジラ、ケトテリウム、スクアロドン、マッコウクジラ、ホッキョククジラ、ナガスクジラやシロナガスクジラなど、攻撃された痕跡を持つクジラのリストは延々と続き、さらにアザラシやアシカ、マナティー、ウミガメ（現生のウミガメで最大のものの三倍の大きさがある）にも痕が見られる。噛まれたアシカの耳骨とそれに関連するカルカロクレス・メガロドンの歯も発見されている。また、クジラの背骨に食いこんだ歯もいくつか見つかっているし、部分的にあさられたクジラの死骸を抜けた歯が囲んでいるケースも多数ある（特にシャークトゥースヒルで）。

もちろん、リストはこれでは終わらない。ほとんどのサメ（特にホホジロザメ）はあらゆる機を逃さず無差別に食べる動物で、動くものなら何でも襲って捕まえる。そのため、現生のサメを解剖すると胃の中に海のゴミが入っていることが非常に多い（道路標識やブーツ、いかりまで）。だからカルカロクレス・メガロドンもまちがいなく、手あたりしだい自分よりも小さな魚やほとんどのサメを食べていたのだろう。しかし、その大きな体はおもにクジラなどの大型の獲物を攻撃するための適応だった。そうした大型の動物は彼らが登場するまで、いかなる海の捕食者にも脅かされることはなかった。

あるクジラの標本に見られる噛み痕は九メートルに及び、カルカロクレス・メガロドンがどのような攻撃を好んでいたかがうかがわれる。噛み痕は、現生のホホジロザメがターゲットにする軟らかな下腹部ではなく、硬い骨の部分（肩、ひれ、肋骨、上部脊椎）に集中しているようである。このことから、クジラの心臓や肺をつぶしたり穴を開けたりして、素早く殺していたと考えられる。反対に、なぜ歯が厚く頑丈なのかも説明がつく。骨を貫いて噛むための適応だったのだ。また、ひれに集中するという別の戦略も取っていたようだ。手の骨の化石に噛み痕が見られる頻度がもっとも高いのだ。一つのひれをがぶりと噛んでつぶしたり、不自由にしたり、または引きちぎれば、獲物の力を奪うのに十分であり、さらに数回噛めば殺すことができたのだろう。

こうした巨大ザメの捕食習性は、なぜ彼らが後期中新世から鮮新世にかけて徐々に姿を消していったのかについて、さらなるヒントを与えてくれる。カルカロクレス・メガロドンは中期中新世には食物連鎖の頂点に君臨していたものの、前期鮮新世には、彼らが攻撃できないほど大きなクジラがいたし、スクアロドンやマッコウクジラなどのさらに大きな捕食性のクジラも存在した。後期中新世のマッコウクジラ、リヴィアタン・メルビレイは本当に巨大で（約一八メートル）、海で史上最大の哺乳類の捕食者だった（この属名は旧約聖書の怪物、レヴィアタン〈リヴァイアサン〉と同名で、種小名は『白鯨』の著者ハーマン・メルヴィルをたたえて命名された）。この怪物は、食べようと思えばカルカロクレス・メガロドンを食べることができただろう。

そして、鮮新世に世界中の海が冷却されるにしたがって（特に四〇〇万〜三〇〇万年前に北極の氷冠が形成されると）、カルカロクレス・メガロドンの歯はどんどん少なくなる。そして、岩石の中に最後に現れるのが後期鮮新世なのだが、非常にまれであることから、超巨大な捕食性のクジラ類との競争と海の冷却の組み合わせに耐えられなかったと考えられる。理由がなんであれ、彼らは完全に絶滅した。

フェイク・ドキュメンタリー——ドキュフィクション

一九八〇年代にケーブルテレビが急増したとき、ゴルフから警察もの、さらには歴史まで、特定の視聴者を意識したニッチ市場をねらうチャンネルが数十登場した。不幸なことに、一九八〇年代後半のテレビ市場の自由化によってすべてが商業的な局と化し、視聴率争いを強いられて、すぐに本来の使命がほとんど忘れ去られてしまった。ディスカバリーチャンネル（もともとは科学ドキュメンタリーを放送するために設立された局）は、今では超常現象や疑似科学的なトピックを扱うフェイクの「ドキュメンタリー」を放送している。当然ながら、科学的であり教育的な番組づくりという当初の使命の放棄は、必然的に科学ドキュメンタリーという残存種にまで及んでいる。

一時期、ディスカバリーチャンネルの目玉は、サメとその生態に関するドキュメンタリーばかりを放送する「シャークウィーク（サメ週間）」だった。そして二〇一三年には、「メガロドン：モンスターシャーク・ライブス」というタイトルのばかばかしい偽ドキュメンタリーが放映され、二〇一四年には「メガロドン：新たな証拠」に続いた。どちらの番組でも、あいまいで恐ろしい不気味な映像や照明の足りないショット、CGによる再現、科学者に扮した役者、そして、クルージング中に生きたカルカロクレス・メガロドンに遭遇したとされる家族の「再現」映像がおさめられていた。

どちらの番組でも、最後に流れるクレジットの終わりの数秒間だけ「この番組は完全にフィクションです」という注意が流れる。宣伝ではプロデューサーたちが事実かもしれないとほのめかしつづけていた。当然ながら、番組の一部しか見なかった人や注意書きを見なかった人のほとんどが番組を真剣に受けとめて、多くの視聴者がカルカロクレス・メガロドンはまだどこかで生きていて、深海を泳ぎまわり、攻撃するチャンスをうかがっていると信じてしまった。

科学者や科学ジャーナリストは恐れおののいた。ディスカバリーチャンネルがそうした「ドキュフィクション」または「フェイク・ドキュメンタリー」を放送し、事実と偽ることに対して批判が高まった。しかし、それもむだだった——「メガロドン：モンスターシャーク・ライブス」の視聴者は四八〇万人にのぼり、同局史上でもっとも視聴された番組になったのだから。毎年「シャークウィーク」では同様の番組が放送されると予想される。つまるところ、PBS（アメリカ）やBBC（イギリス）のように公共サービスとして放送されているわけではないのだから、番組が真実や事実である義務はない。規制緩和による自由化のせいで、この局の使命は視聴者を集めて、広告主のために視聴率を稼ぐことだけになってしまった——そのためには品位を落ちるところまで落とさなくてはならないとしても。

自分の目で確かめよう！

ボブ・アーンストの亡き後は、アーンスト・クオリーズという団体がほとんどの非営利団体[*1]に対してボーン・ベッドへの立ち入りを許可している（ほんのわずかな料金が必要だが、払う価値はある）。また、ブエナビスタ自然史博物館[*2]は会員に発掘する特権を与えている。

＊1――www.sharktoothhillproperty. com

＊2――http://www.sharktoothhill.org/index.cfm?fuseaction=page&page_id=11

カルカロクレス・メガロドンの化石や復元を展示する博物館は多い。ニューヨークのアメリカ自然史博物館には、カルカロクレス・メガロドンの顎が脊椎動物の起源に関する展示室の天井から吊るされており、そのほか多くの化石魚類や化石サメも展示されている。カリフォルニア州ベーカーズフィールドにあるブエナビスタ自然史博物館にはカルカロクレス・メガロドンの顎を含め、シャークトゥースヒルで発見された化石の最大のコレクションが所蔵されている。メリーランド州ソロモンズにあるカルバート海洋博物館には、復元された10・6メートルの骨格と多くの歯が展示されている。ゲインズビルにあるフロリダ自然史博物館には、目を見張るようなさまざまなサイズのカルカロクレス・メガロドンの顎の復元が展示されている。サンディエゴ自然史博物館には、実物大のカルカロクレス・メガロドンの模型がギャラリーの天井から吊るされているほか、歯も展示されている。

第10章　両生類の起源・ティクターリク

水から出た魚

いったいどうして魚は水から出たり、水辺で生活することにしたのだろうか。考えてみてほしい。三億七五〇〇万年前の川を泳いでいた魚は、ほぼすべてが何らかの捕食者だった。およそ五メートルに達する魚もいて、最大のティクターリクの二倍近くあった。ティクターリクとともに見つかる魚でもっとも多い種はおよそ二メートルもあり、頭部の幅はバスケットボールほどもあった。歯は鉄道のレールを固定する釘のような大きさで、釣り針のかえしのようになっていた。あなたなら、そのような古代の川を泳ぎたいと思うだろうか。

――『ヒトのなかの魚、魚のなかのヒト――最新科学が明らかにする人体進化35億年の旅』

ニール・シュービン

水から陸へ

一八五九年にダーウィンが『種の起源』を発表して以来、科学者たちはある重大な移行がどう起こったのかを示す化石を探してきた。つまり、どうやって魚が水から這い出て、陸生の生物になったのかを示す化石だ。もちろん、両生類という脊椎動物の丸ごと一つの綱が今でも移行状態で生活している。ほぼすべての時間を水中で過ごし、陸にはほとんど上がらないものもいるし、まったく水に入らないが、湿った環境でしか生息できないものもいる。この二つの生活形態がまざり合っている場合も多い。

『種の起源』が出版される以前でさえ、両生類と肺魚の類似点に気づいている科学者はいた。肺魚は両生類のような特徴を多く持つが（特に肺）、ひれのある魚である。肺魚とほかの肉鰭《にくき》類のひれには、両生類の四肢と同じ骨がある。だが、それさえも明白ではなかった。ミナミアメリカハイギョは非常に特化しており、小さな紐状のひれを持つだけで、ウナギのように泳ぐ。一八三七年の発見当時は、退化した両生類だと考えられた。リチャード・オーウェンが一八三九年にアフリカハイギョを記載したときにもほぼ同じことが起こった。進化に断固として反対していたオーウェンは、肺魚と両生類の構造に見られる明らかな関連性を無視して、小さな紐状のひれなどの奇妙な特殊化を強調したのだった。ようやく一八七〇年にオーストラリアハイギョが発見されたときに、現生の肺魚には両生類の四肢とまったく同じ骨を持つ頑丈な肉質のひれがあることがわかった。そして、ほとんどの肺魚はアフリカハイギョとミナミアメリカハイギョに見られる奇妙な特殊化ではなく、両生類のような特徴を多く持つことが、原始的な肺魚の化石によってどんどん裏づけられていった（図8・2参照）。

それでも、肺魚と化石記録に見られる最初期の両生類のへだたりは、大きく苛立たしいものだった。一八八一年にジョセフ・F・ホワイティーブスがユーステノプテロン・フォールディを記載した。この化石はおそらく最良の移行化石の一つである。だが残念なことに、彼の記載はたった二段落分しかない短いもので、図もなく、この魚がどのように両生類に似た特徴を示しているのかまったくふれられていなかった。ユーステノプテロンは大きな肉鰭類で（最大一・八メートル）、現生の肺魚やシーラカンスよりもはるかに両生類に似ている（図10・1）。カナダ、ケベック州のミグアシャ国立公園にあるカウメナック湾の有名産地から数百の美しい標本が見つかっている。ユーステノプテロンの体はまだ魚のようだったが、その肉質のひれには両生類の手と足をつくるのに必要な骨がすべてあり、頭骨は両生類の頭骨の原型となる正しい骨のパターンを持っていた。

さらなる化石の発見によって、多くの肺魚とほかの肉鰭類が後期デボン紀（約三億八五〇〇万〜三億五五〇〇万年前）に生きていたことがわかった。前期石炭紀（約三億五五〇〇万〜三億三一〇〇万年前）には、ごくわずかながら疑いの余地のない両生類がいた（十九世紀には、今は使われていない

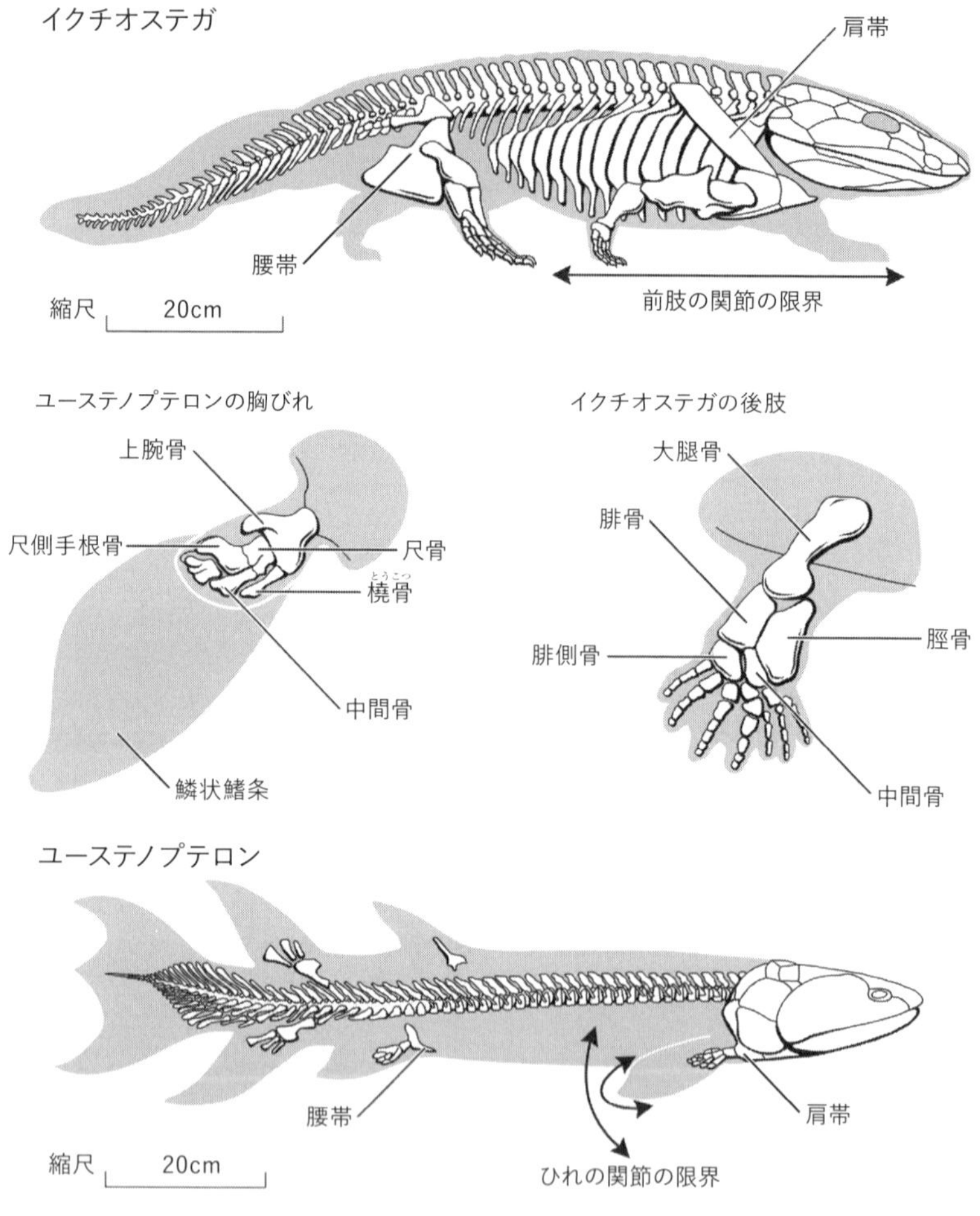

▲**図 10.1**　イクチオステガとユーステノプテロンの骨格要素の比較

堅頭類《けんとう》や迷歯類《めいし》という名称で呼ばれていた）。それらの化石は後期石炭紀の岩石に非常に多く含まれている。では、移行化石はどこにあるのだろうか。後期デボン紀の海水魚の化石産地は数多く見つかっていたが、魚類と両生類の変わり目にあたる化石を産出する可能性が高い淡水起源と考えられるものはほとんどなかった。

飛躍的な前進は偶然と政治的な利己主義によってもたらされた。一九二〇年代、ノルウェーとデンマークは東部グリーンランドの領有権を争っていた。その結果、デンマーク政府はカールスバーグ（有名なデンマークのビール醸造会社）が設立した財団とともに、三年間の東部グリーンランド探検に資金を提供し、一九三一〜一九三三年の夏にその巨大な島が調査されることになった。ノルウェーは探査を行っていなかったので、東部グリーンランドのデンマークの領有権が認められるように、十分な科学的研究と探査を行いたいと探検隊は考えていた。有名なデンマークの地質学者で探検家のラウゲ・コッホが隊長を務め、デンマークとスウェーデンの地質学者、地理学者、考古学者、動物学者、植物学者などそうそうたるメンバーが集結した。

東部グリーンランドを探検するために集められた科学者の中に、スウェーデンの古生物学者で地質学者のグンナル・セヴェセダーベリがいた。彼はウプサラ大学で教育を受け、同大学の地質学の教授になった。二一歳という若さで最初の探検に参加したセヴェセダーベリはすぐに注目に値する生物の化石を見つけて、イクチオステガとアカントステガと呼んだり、オステオレピスなどのユーステノプテロンによく似た、より原始的な肉鰭類を発見したり、多くの肺魚も見つけた。それらの生物はすべて、東部グリーンランドが熱帯の近くに位置し、デボン紀の魚の時代が終焉するころに（第8章）、同じ淡水または汽水で泳いでいたと見られる。彼は詳しい分析は後でやるつもりで、一九三〇年代から一九四〇年代初頭にそれらの化石の短い記載を発表した。だが、その機会はめぐってこなかった。比較的若い三八歳という年齢で、一九四八年に結核で死んでしまったのだ。

セヴェセダーベリの研究を含め、スウェーデンでは初期の化石魚類の研究が伝統的に盛んに行われてきた。なぜなら、スウェーデンはグリーンランドやスピッツベルゲン島などの極地探検に取り組んでおり、探検中に多くの化石魚類が発見されたため、初期の化石魚類の研究がすぐに十八番になったのだ。古生物学の「ストックホルム学派」（おもにスウェーデン自然史博物館を本拠地とする）の創始者である高名なエリク・ステンショは、デボン紀の装甲を持つ無顎魚類の詳細な研究で有名だった。好きに使えるよい標本が山ほどあったので、普通は魚の化石の記載では無視されている神経や血管やそのほかの内部構造を調べるために、彼はいくつかの標本を薄くスライスした。今日では高解像度のX線CTを使えば、スライスして破壊しなくても化石を塊のまま「CTスキャン」することが可能である。

セヴェセダーベリの死後に彼のグリーンランドの化石を研究したのはステンショの後任者のエリク・ヤルヴィクだった。彼はグリーンランドへの調査旅行の後半で何度かセヴェセダーベリに同行し、さらに化石を採集するためにその後も現地にもどった。ヤルヴィクは注意深く、几帳面な研究者で、けっして発表を急ぐタイプではなかった。頭骨の内側の構造を詳しく調べるため、ユーステノプテロンの標本をスライスするのに何年も費やした。そして、セヴェセダーベリのイクチオステガの化石をなんと五〇年間も研究しつづけ、一九九六年にやっと詳しい報告を発表したのだが、そのときにはすでに八九歳になっていた。古脊椎動物学者の仕事といえば、ほかの人も研究成果を共有できるように発表することはせずに、重要な化石に何年間も取り組むことで有名だが、仕事ののろさではヤルヴィクの右に出る者はいない。彼が行った研究は重要だし、記載はすばらしいものではあったが、さまざまな化石グループに関して奇妙な見解がいろいろ述べられ、ほかの古生物学者が納得するようなものではなかった。ヤルヴィクは九一歳まで長生きし、一九九八年に亡くなった。

ヤルヴィクによるイクチオステガの完全な記載が一九九六年まで発表されなかったことから、一九三〇年代から一九八〇年代までは、セヴェセダーベリによる化石の復元が、十分に裏づけられた唯一の「フィッシビアン」だった〔訳注：フィッシビアン（fishibian）は魚類（fish）と両生類（amphibian）をかけた言葉〕。つまりイクチオステガは、ユーステノプテロンと初期の両生類の間に位置する典型的な移行化石と見なされていた（図10・1）。

イクチオステガはその祖先のように肉質のひれを持つかわりに、両生類と同様に指のある四肢を持っていた。しかし、前肢はたくさん歩けるほど強くはなく、最新の分析では、さらにひれに近い後肢を引きずりながら、ぴょんぴょん飛び跳ねることでしか移動できなかったのではないかと考えられている。前肢と特に後肢は水中での使用により適していて、水中ではそれらを使って前進できた（イモリやサンショウウオが泳ぐときのように）。また、断面がT字のたくましい肋骨を持っていた。肋骨は水の外で胸腔と肺を支える役目を果たしたかもしれないが、多くの両生類に見られるような肋骨に支えられた呼吸をすることはできなかった。ほかに両生類に似た特徴としては、上を向いた眼のある長い吻と短い頭蓋がある。それに対してユーステノプテロンは、より魚類に似た円筒状の頭骨を持ち、吻は短く、頭蓋は長く、眼は横を向いている。また大きな鰓蓋《えらぶた》を持っていた。

しかし、四肢と肩や腰の骨をのぞけば、イクチオステガは本物の魚のようだった。大きな尾びれがまだあったし、大きな鰓蓋など、頭骨にも魚のような特徴が多く見られ、聴覚は水中で音を聞くのに適応しており、側線（水中の動きや流れを感じ取るための顔にある線状の器官）もあった。

一九八〇年代になると、フィッシピアン研究の中心はスウェーデンからケンブリッジ大学に移り、ジェニー・クラックとペル・アルバーグ、マイケル・コーツらがさらなる化石を意欲的に採集して、古生物学のストックホルム学派が行った研究をやりなおした。クラックはこう述べている。

一九八五年に夫のロブにたきつけられて、わたしは東部グリーンランドで調査旅行を行うことができないか模索しはじめた。その途中で、ケンブリッジ内の道向かいの地球科学科に所属するピーター・フレンドに会った。彼はわたしたちが興味を持っていたグリーンランド地域の調査旅行で数回リーダーを務めたことがあった。彼のもとにはかつてジョン・ニコルソンという学生がいて、東部グリーンランドの上部デボン系の堆積物に関する論文を書く一環で、一九六八年から一九七〇年にかけて、いくつかの化石を集めていたということが判明した。

ピーターは地下の引き出しからそれらの標本を回収し、さらに一九七〇年の調査の際のジョンのノートも見せてくれた。ステンショ・ビョーグの標高八〇〇メートルにはイクチオステガの頭骨がよく見られるというジョンのメモは、衝撃的で信じがたいものだった。彼が集めた化石は互いによく合い、三つの部分的な頭骨からなる一つの小さな塊と肩帯の破片になったが、それはイクチオステガのものではなく、当時はあまりよく知られていなかった同時代のアカントステガのものだった。

ピーターはコペンハーゲンの地質学博物館の古脊椎動物学の学芸員、スベント・ベンディクス－アルムグリーンと連絡を取るといいと教えてくれた。デンマークは、東部グリーンランドの国立公園内（デボン紀の地層がある）で地質学者による調査旅行をまだ行っていたので、そこで調査するという試みの手はじめに当たってみるにはうってつけの人物だった。またピーターは、グリーンランド地質調査所（GGU）のニルス・ヘンリクセンとも連絡を取るようにすすめてくれた。そして、まったく偶然に、すばらしい幸運に恵まれた。ちょうどそのとき、わたしが行かねばならないまさにその場所で、GGUによるプロジェクトが進行中で、一九八七年の夏が調査の最後のシーズンだったのだ。

ケンブリッジ大学動物学博物館とケンブリッジ大学ハンス・ガドウ基金、そしてコペンハーゲンのカールスバーグ財団から資金提供を受け、わたしと夫のロブと、当時はわたしの教え子だったペル・アルバーグ、そしてスベント・ベンディクス-アルムグリーンと彼の教え子のビルガー・ヨルゲンソンは、一九八七年の七月から八月にかけて、GGUの世話のもとに六週間の野外調査を計画した。そして、ジョン・ニコルソンの野帳を使って、アカントステガの標本が発見された場所をついにつき止め、続いてアカントステガを産出したもとの地層を発見した。それは実質的に小さいものの非常に豊かなアカントステガの鉱山だった。

こうして、かつてないほど完全なアカントステガの標本が発見されたことは、大きな前進だった。アカントステガは一九五二年にヤルヴィクによって命名されていたが、保存状態の悪い標本にもとづくものだったので、ほとんど研究されていなかった。しかし、一九八〇年代後半と一九九〇年代にクラックのグループが採集した新しい化石によって、アカントステガはイクチオステガよりもはるかに完全で情報の多いものになった（図10・2）。

あらゆる点で、小さいアカントステガのほうがイクチオステガよりも魚らしい。イクチオステガと

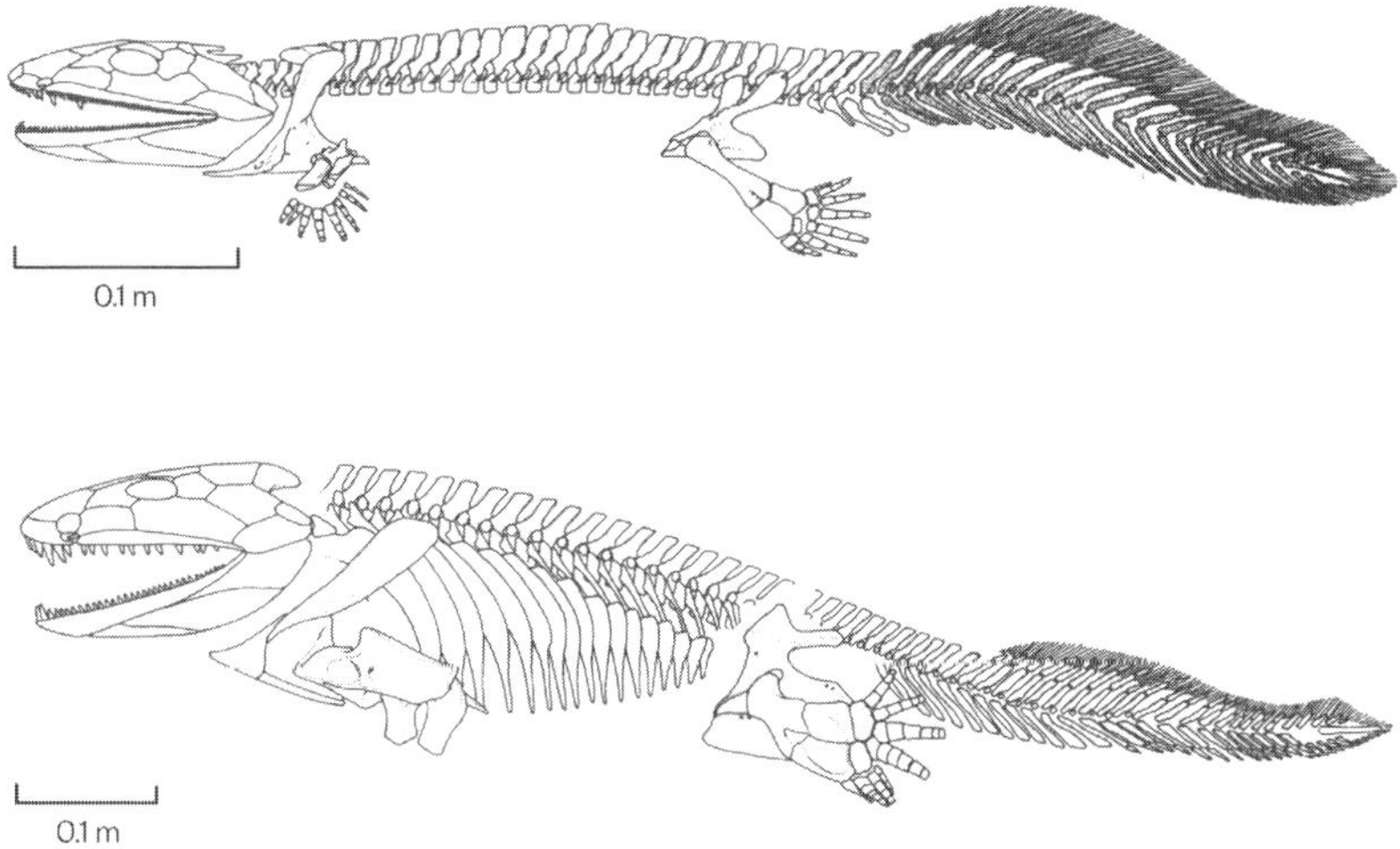

▲図 10.2　アカントステガ（上）とイクチオステガ（下）の骨格の比較

は異なり、アカントステガの四肢では陸上を這って進むことはできなかっただろう——手首や肘や膝がなかったのだ。かわりにその四肢では、水中でバタバタさせて進んだり、障害物を乗り越えたりすることだけが可能だった。さらに驚きだったのは、手に指が七本や八本もあり、ほとんどの脊椎動物の基本的な五本指ではなかったことだ。

アカントステガはイクチオステガよりも大きなひれを尾の部分に持ち、肋骨は短すぎて、陸上で体を支えたり、水の支えがなければ呼吸をすることはできなかった。

しかし、アカントステガには両生類のような進化した特徴もいくつかあった。耳は空中と水中で音を聞くのに適していたし、肩や腰の領域の骨はたくましく、指を持つ四肢があり、首の関節のおかげで頭を回転させることができた。それとは対称的に、魚には頭を回すことを可能にする「首」がない。だから方向を変えたり獲物に噛みついたりするには、体の前方すべてを曲げるしかなかった。

あなたの中の魚

ジェニー・クラックの研究によって、魚類から両生類への移行に関する研究が活性化し、すぐにほかの古生物学者たちも参加してきた。その中の一人にニール・シュービンという熱心な若い科学者がいた。わたしがコロンビア大学の大学院生だったときに、シュービンは同じ大学の学生で、コロンビア大学とニューヨークにあるアメリカ自然史博物館で古生物学を学んでいた。そこでわたしたちは一九八〇年に出会い、メソヒップスというウマの進化の研究を共同で行った。それは彼にとっては論文を発表するはじめての研究プロジェクトだった。

その後、彼はハーバード大学の博士課程に進み、両生類の四肢と指の形成を決定づける進化と発生のメカニズムを研究した。彼の最初の仕事はフィラデルフィアにあるペンシルベニア大学の医学部で学生に解剖学を教えるというもので、そこで自然科学博物館のテッド・デシュラーと仲よくなり、二人はタッグを組むことになった。二人でペンシルベニア中のデボン紀の赤色層が露出している切り通しをくまなく探し、魚とフィッシビアンの不完全な化石を発見した。

だがシュービンはさらなる大物をねらっていた。彼は著書『ヒトのなかの魚、魚のなかのヒト――最新科学が明らかにする人体進化35億年の旅』の中で語っているように、三億六三〇〇万年前よりも古く（例えば、イクチオステガとアカントステガを産出した東部グリーンランドの岩石）、三億九〇〇〇万～三億八〇〇〇万年前（この年代の岩石からは両生類の祖先の肉鰭類のほとんどが見つかっている）よりも新しい岩石を見つけなければならないことがわかっていた。

二人は上部デボン系の淡水の堆積物の中に、三億八〇〇〇万～三億六三〇〇万年前のへだたりを埋める、アカントステガよりも原始的だがユーステノプテロンよりも進化した移行化石があるはずだと予想していた。彼らは、伝説的な地質学の教科書、ロバート・H・ドット・ジュニアとロジャー・バッテン著『地球の進化（*Evolution of the Earth*）』（一九七一年）の第一版に載っている地質図を見た。上部デボン系の露頭の地図を調べてみると、可能性が高い候補地が三つあることがわかった。一つ目はペンシルベニア州東部（そこはすでに彼らが調査中だった）。二つ目は東部グリーンランド（デンマークとスウェーデンとクラックのグループによってすでに採集ずみだった）。そして三つ目はカナダ北極圏のエルズミア島だった（そこはまだ誰も調査していなかった）。さらに出版されている地質調査報告書を調べてみると、露頭は上部デボン系（約三億八〇〇〇万～三億六三〇〇万年前）で、淡水の魚類と両生類の化石を保存するのに適した岩石の種類だった。そして、年代はおよそ三億七五〇〇万年前であることが判明した。

シュービンとデシュラーのグループは一九九〇年代後半までに許可と装備を万端に整え、物資を調達する資金や、その地域に入ったり帰ったりするためのヘリコプターの資金も確保していた。自然が厳しいこの地域で大遠征をするのはピクニック気分というわけにはいかない。調査には北極圏用の装備一式が必要だ。特に、夏でも凍てつくような温度から身を守るための寒冷地用の服装、頻繁に起こる嵐の間、ハリケーンのような強風がうちつけても立ちつづけ、避難所となり暖かさを提供してくれる頑丈なテントなどが必要となる。岩石用ハンマーやシャベルなどの採集に必需な通常の道具に加え、シロクマが深刻な脅威であるためライフルも携行した。

そして、二〇〇〇年から毎年真夏の数週間にエルズミア島を訪れる短い遠征を開始したのだが、淡水起源の岩石ではなく海洋起源の岩石だったため、最初の数年ははかばかしい結果が出なかった。ようやく彼らが探していた化石を含む淡水起源の岩石が見つかった。二〇〇〇年に彼らが見つけてバード・クオリィと名づけた発掘場所からは、二〇〇三年に魚類の化石の破片がふんだんに出てきた。二〇〇四年にはバード・クオリィの地表から三メートル掘ったところでティクターリクを発見した。それは今までの苦労がすべてふきとんでしまうような化石だった。シュービンらは、イヌイットの言語の一つであるイヌクティトゥット語で、その地域に生息する淡水魚の一つのカワメンタイを意味するティクターリクから名前をつけた。研究ができるように適切にクリーニングするのにさらに二年を要し、記載と分析がすっかりそろって、ティクターリクは二〇〇六年に二つの論文で発表された。後肢の記載は二〇一二年に発表された。

一～三メートルのティクターリクの個体が一〇体以上回収された（図10・3）。さらによいことに、一番よい標本はほぼ完全で、後肢と尾の一部が欠けているだけだったが、後肢はほかの標本から知ることができた。イクチオステガとアカントステガよりも一二〇〇万年古い標本ということから期待される通り、ティクターリクはいろいろな意味においてさらに魚類に似ている。

ティクターリクの肉質のひれは両生類の脚の原型となる要素をすべて持っていたが、指ではなく鰭条《きじょう》があった。魚のような鱗があり、鰓（鰓弓《さいきゅう》がそれを示している）と肺（頭部の噴水孔がそれを示している）の両方を兼ね備え（ほとんどの「フィッシビアン」と同じ）、そして、魚のような下顎骨《かがくこつ》と口蓋を持っていた。しかし、魚類とは違い、両生類の特徴も持っていた。短くて平らな頭骨と動かすことができる首があり、鼓膜のための切りこみが頭骨の後ろの端にあり、頑丈な肋骨、四肢、肩と腰の骨を持つ。

アカントステガと同じでティクターリクのひれは、陸の上でずるずると長い距離を進んだり、地面からお腹を浮かせて歩いたりすることができるほど強くも柔軟でもなかった。そのかわりに浅瀬をこいだり、水面の上を見るために体を支えたりするのに使っていたのだろう。ほかのフィッシビアンと

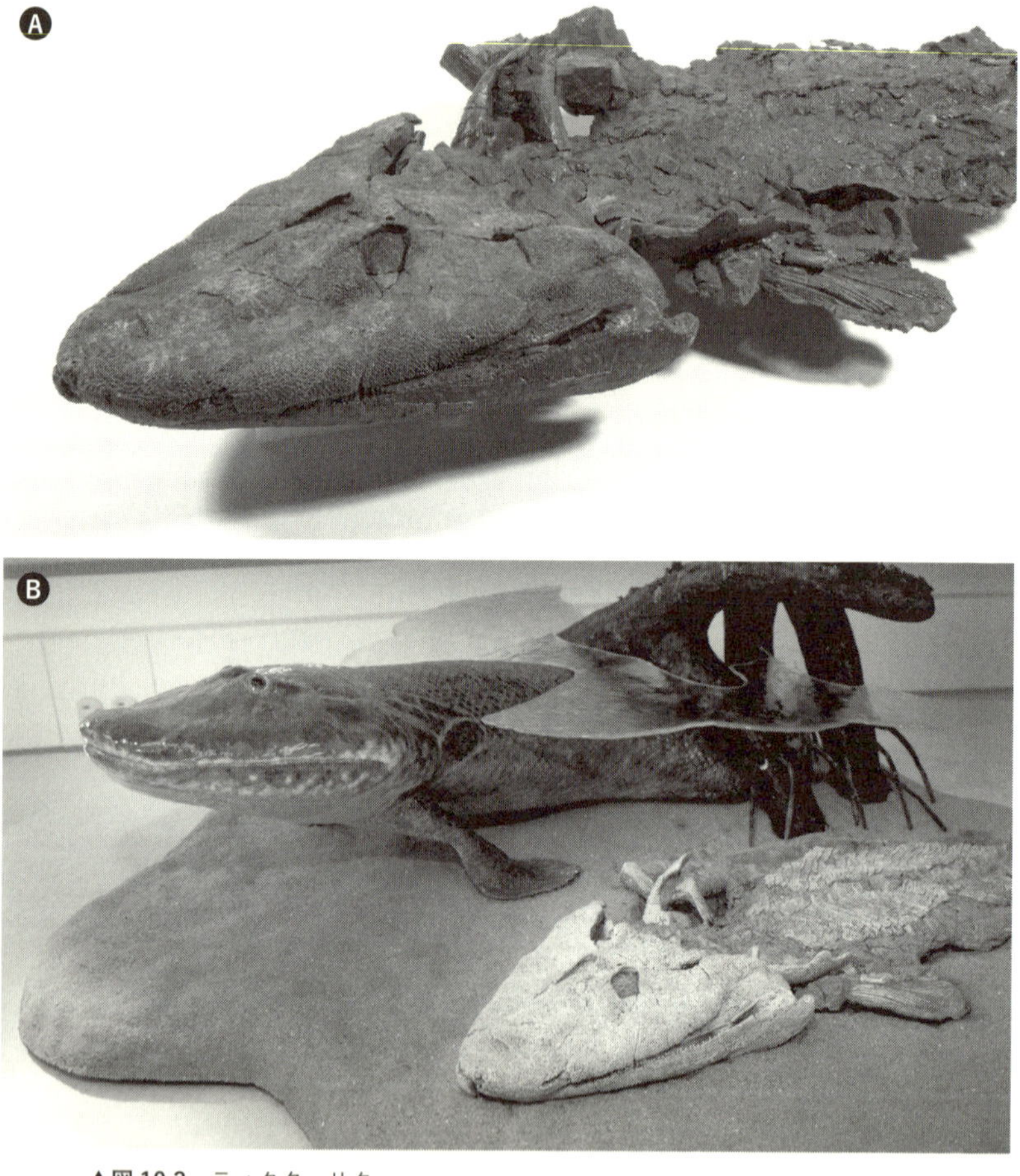

▲図 10.3　ティクターリク
A：骨格
B：生きている姿の復元

同じく（そして特にイモリやサンショウウオなど多くの現生両生類と同様に）、ほとんどの時間を水中で過ごし、生息していた小川の際で獲物をねらっていたのだろう。
イギリスの科学雑誌「ニュー・サイエンティスト」でロバート・ホームズはこう書いている。

ヌナブトのはるか北に位置するエルズミア島で五年間掘りつづけ、ついに彼らは一山あてた。それは保存状態がすばらしい一群の魚の化石で、骨格がまだそっくりそのまま保たれていた。シュービンのチームがその種を研究していくと、まさに探してきた間隙をつなぐ中間的な種であることが明らかになり、彼らは小躍りした。「両者の違いを真ん中でばっさり分けるものを見つけたのです」とデシュラーは言う。

またクラックは、「この発見は、指さしながら『だから存在するって言ったじゃない』と言えるものの一つで、本当にあったのです」とコメントしている。
さらに中間にあたる化石探しは継続中だ。だが、一つたしかなことがある。それは、水から陸への移行は、古生物学者と生物学者が一世紀以上も考えてきたような大きな一歩ではなかったということだ。ただ単に条鰭類の大放散を見さえすればよい。水槽や魚市場や大きな水族館にいる魚の九九パーセントは条鰭綱に属する。ヤツメウナギとヌタウナギ、サメ、エイ、肺魚、シーラカンスをのぞけば、現生の魚はすべて条鰭類だ。条鰭類は肉鰭類のようなたくましい骨を持たないが、長く細い棒状の骨や軟骨でひれが支えられている。

条鰭類は薄っぺらなひれを使って陸上を動きまわる方法をいくつも発見してきた。例えば、トビハゼやムツゴロウは半分は水中、半分は水の外で生活し、干潟やマングローブの根の間で体を持ち上げ、胸びれを使って空気と水の境界をゆっくり這う（図10・4）。また、ウォーキングキャットフィッシュは、アメリカの南東部の人間にとって害となる主要な魚である。というのも、この魚は食物を探したり乾いた池から逃げたりするために、池から池へと這っていけるのだ。キノボリウオもよりよい池を探すのに地面を這いまわることができるし、木に登ることさえできる。ハゼやカジカなどの多くの魚が潮だまりの生活に適応しており、干潮時は水の外で過ごし、岩場を這ったり体を持ち上げたりするために胸びれを変化させてきた。そして、ほぼ水生のほかの魚も、水中で地面を掘って前進するために胸びれが「指」に変化している。

これらの条鰭類のグループは互いに類縁関係にはないため、こうした陸上生活への適応はすべて完全に個別に進化したものである。明らかに魚類は陸の生息環境を利用することを強く迫られているし、陸の生息環境の利用には大きな利点があり（それがたとえ数分から数時間であっても）、かつては解決不能な問題だと考えられていたものに対して、彼らは異なる答えを見つけてきた。したがって、肉鰭類に起こった、まず半水生になり、ついには完全な陸生動物になるというゆるやかな変化は、科学

▲**図 10.4**　日本の干潟で蠕虫類を食べるトビハゼ

者がかつて想像していたようなほぼ不可能な離れ業ではない。

最近、エミリー・スタンデンが率いる科学者チームが、魚が水から出るのがいかに簡単かを示す研究を発表した。その実験はポリプテルスという非常に原始的なアフリカの硬骨魚《こうこつぎょ》に着目したものだった。

ポリプテルスはチョウザメやヘラチョウザメなどの原始的な条鰭類の遠縁だ。そのひれは最初期の肉鰭類のものとたいして違わず、そのため、肉鰭類と条鰭類をつなぐようなものだ。研究者らはポリプテルスを通常の水の生息環境ではなく陸で育てた（ポリプテルスは空気呼吸が得意なのだ）。案の定、交配させて数世代経ると、「発生上の可塑性」と呼ばれるメカニズムによって、ひれは頑丈になり、陸を這うのに適したものになった。

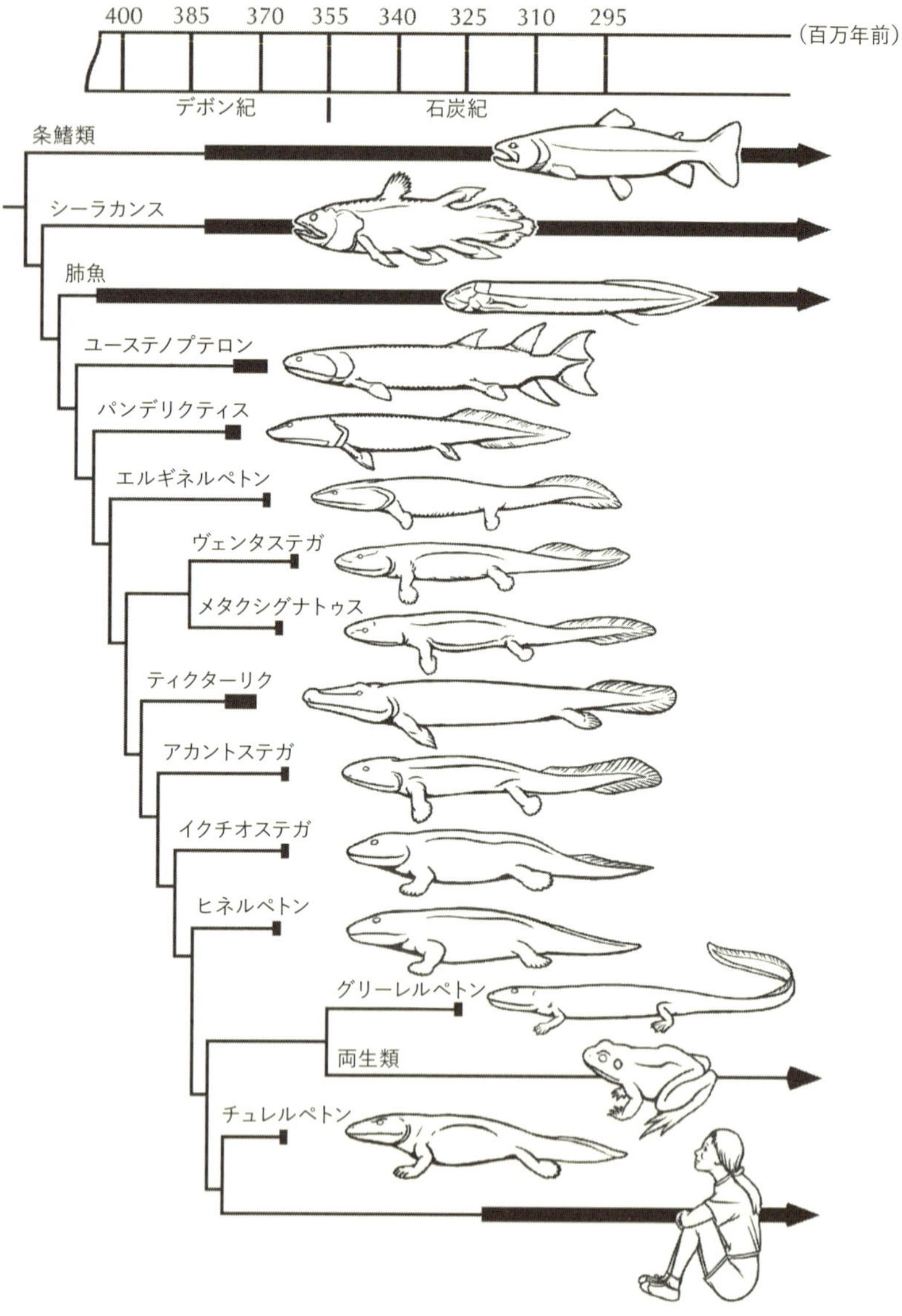

▲図 10.5　魚類からの両生類の進化

「発生上の可塑性」は、動物が新しい課題に適応するために、胚発生の間に体を変化させることを可能にするものだ。スタンデンが指摘するように、なぜ多くの種類の条鰭類が陸や水中で這うことに適応してきたのかだけではなく、肉鰭類が同じことを行うのを可能にしたメカニズムについても「発生上の可塑性」で説明できるかもしれない。

というわけで、疑いの余地のない魚らしい生物（例えば肉鰭類）からティクターリクやアカントステガやイクチオステガのような中間型、そしてより両生類らしい動物に至るフィッシビアンの切れ間のない一連の化石が今では発見されている（図10・5）。どうやって魚が水から這い出て陸生動物になったのか想像できない人は、すばらしい化石を見さえすればその答えがわかるだろう。

自分の目で確かめよう！

わたしの知るかぎりでは、イクチオステガとアカントステガの化石は、ケンブリッジ大学動物学博物館とストックホルムの自然史博物館にのみ収蔵されており、標本が展示されている。アメリカのいくつかの博物館にはティクターリクの骨格のレプリカと復元の展示がある。フィラデルフィアにあるドレクセル大学の自然科学アカデミー、シカゴのフィールド自然史博物館、マサチューセッツ州ケンブリッジにあるハーバード大学の比較動物学博物館、シンシナティ自然史科学博物館などだ。また、ニューヨークのアメリカ自然史博物館では、肉鰭類と初期の両生類のすばらしい展示が見られる。

第11章　カエルの起源・ゲロバトラクス「フロッガマンダー」

理論は過ぎ去る。カエルは残る。

――『生物学者の懸念（*Inquiétudes d'un biologiste*）』ジャン・ロスタン

「洪水の証人である人間」

十八世紀初頭、化石の起源と性質について学者の意見はまだ分かれており、岩石の中から発見される奇妙な物体の存在に関して諸説があった。fossil（化石）という言葉はラテン語の fossilis（掘ることで得られたもの）に由来し、岩石から掘り出されたものはどんなものであっても元来は fossil と呼ばれていた（それには結晶や団塊やそのほかの非生物の物体も含まれていた）。化石は悪魔の仕業で、敬虔な者を混乱させて疑念を広めるために岩石の中におさめられたものだと考える科学者もいた。また、岩石の中に育ったという説や、石の割れ目に潜りこんだ生物がつぶされて死に、その骨格が石にすっぽり包みこまれたとする説もあった。化石になった二枚貝や巻貝の貝殻を、現代の子孫と結びつけて考える学者は少数派だった。

多くの化石は現生の生物に似ていないがために、当時は単にそれとはわからないということもあった。舌石《ぜっせき》として知られていた三角形の変わった物体は天から降ってきたとされ、ヘビに噛まれた傷を癒やす力や解毒する力などの魔法の性質が宿っていると考えられていた。だが、一六六九年には、デンマークの医師であるニールス・ステンセン（ラテン名のニコラウス・ステノと聞けばピンとくるだろう）が、あるサメの口の中に舌石があるのを見て、それが歯であることに気がついた。また、アンモナイトはとぐろを巻いたヘビの死骸だというのが通説だった。なぜなら、オウムガイは十九世紀初頭まで発見されていなかったのだ。ウミユリの茎の破片は天国から落ちてきた星だと信じられていた。

なかでも化石の正体については聖書の影響がまだ絶大だった。例えば、一七二六年にスイスの博物学者ヨハン・ショイヒツァーは、ある化石を「世界にノアの大洪水という恐ろしい災難をもたらした罪深い人間の中の一人の骨格」と記載した。それは大きな骨格で、頭から腰の骨までの長さがおよそ一メートルもあった。頭骨と腕と背骨もあった。そして、発見されたのは岩石の中だった。ということは、ノアの洪水で死んだ人間の遺骨にちがいない。彼はそれをホモ・ディルビイ・テスティス（洪

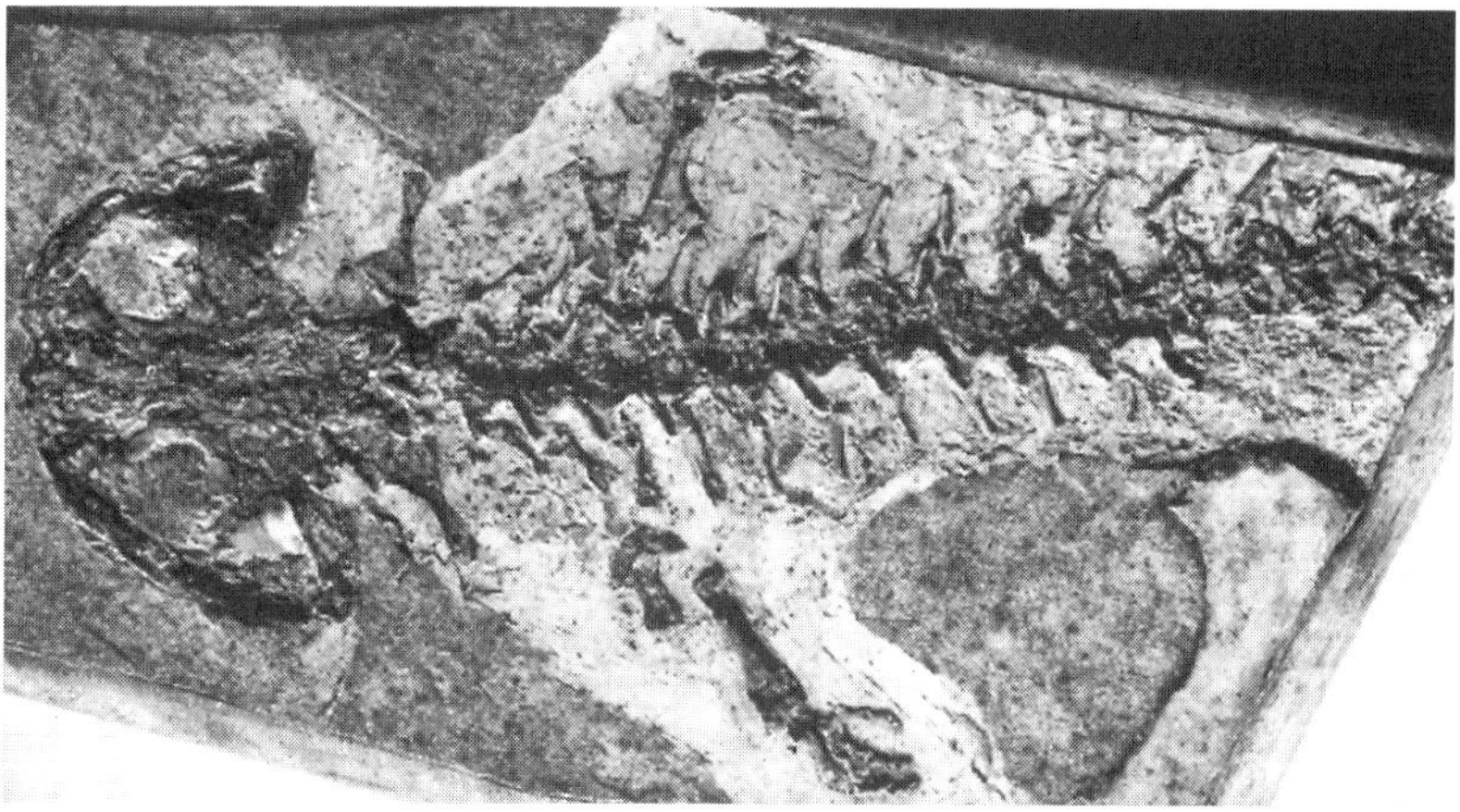

▲図 11.1　オランダのハールレムにあるテイラース博物館に展示されているヨハン・ショイヒツァーのホモ・ディルビイ・テスティス

水の証人である人間）と命名した（図11・1）。

しかし、一七五八年に博物学の先駆者のヨハネス・ゲスナーが異議を唱えた。なんと彼はそれをナマズだと考えたのだった。一七七七年にはペトルス・カンパーがトカゲだと主張した。

そして、一八〇二年には、オランダのハールレムにあるテイラース博物館のためにマーティン・ファン・マウルがその標本を購入し、今でもそこに所蔵されている。そして、一八三六年にアンドリアス・ショイフツェリと正式に命名された。その名前は「ショイヒツァーの人間の像」という意味である。

この誤りは、ショイヒツァーが最初に記載してからほぼ一世紀たってようやく修正されることになった。ナポレオンがオランダを併合した後、古脊椎動物学と比較解剖学の父である偉大なジョルジュ・キュヴィエが、パリに運ばれてきたその標本の研究に着手した。骨がよく露出するように岩石から骨格を掘り出してみると、特に腕について、もともと見えていたよりもはるかに詳しく細部がわかった。さらに、比較解剖学の研究を長年仕事としてきたキュヴィエにとっては、それが人間の骨格ではないことは一目瞭然だった。いくつか比較した結果、霊長類でもなければ、哺乳類でさえもないことに気がついた。それは巨大なサンショウウオだった。

じつは巨大なサンショウウオはまだ絶滅していない。日本と中国に生息する二つの種はショイヒツァーの化石よりも大きい（図11・2）。中国のサンショウウオはおよそ二メートルあり、三六キログラムに達する。ショイヒツァーの化石と同じ属に分類されているが、名前はアンドリアス・ダビディアヌス（チュウゴクオオサンショウウオ）という。水のきれいな岩山の小川や湖に生息し、たいては森林地帯で見られることが多く、標高一〇〇〇～一五〇〇メートルのところで生きている。日本のものはアンドリアス・ヤポニクス（オオサンショウウオ）と呼ばれ、チュウゴクオオサンショウウオよりもわずかに小さいが、生息環境はだいたい同じだ。

生息地が破壊されていることや、このような大きな水生生物には広大な縄張りが必要であることから、どちらの種も絶滅が危惧されている。さらには、漢方に用いるために密猟も横行している。漢方用の密猟ではサイやトラやセンザンコウをはじめ、多くの動物が絶滅の危機に瀕している。

▲図 11.2　チュウゴクオオサンショウウオ

両方で生きる

第10章では、いかにして後期デボン紀に肉鰭類から両生類が進化したのかを見た。しかし、なじみのある現生の両生類のグループ、特にカエルやサンショウウオはどうやって進化したのだろうか。またしても化石記録には、その過程を示すすばらしい標本が含まれている。

amphibian（両生類）という言葉はギリシャ語のamphibion（両方で生活する）に由来する。つまり、水中と陸上の両方で生活し、この「両方で生きる」ことが両生類の際だった特徴の一つである。両生類の多くが水を得られるかぎり、両方の環境で繁栄する能力を持つ。砂漠のヒキガエルはほとんど水のない世界に適応しており、涼しい地下で水分を保ちながら何とか生活している。しかし、ほとんどの両生類は、産卵して生活環を完成させるには、いまだに湿った場所が必要だ（だが、卵の段階を完全にとばし、幼体を産む種も一握りいる）。

現生の両生類は途方もなく多様で、わかっているだけでも五七〇〇種を超える。そのうち四八〇〇種以上がカエルで、サンショウウオやイモリはたった六五五種しかいない。さらに、約二〇〇種が両生類の第三のグループに属する――それはアシナシイモリ類（無足類）だ。脚がないアシナシイモリは、おもに南アメリカとアフリカとアジアの熱帯で穴を掘って地中で生活している。明暗を感じることができる小さな眼を持ち、なかには触手の先に眼がある種もいるが、目が見えない種がほとんどだ。また、専門家以外には、巨大なミミズのように見える。

両生類の大きさには非常に幅があり、たった七・七ミリメートルしかないパプアニューギニアにすむパエドフリン・アマウエンシスというカエルからチュウゴクオオサンショウウオまでさまざまだ。サンショウウオやイモリは、もっとも原始的な両生類（ティクターリクやイクチオステガやアカントステガなど〈第10章〉）のような単純な細長い体を保持し、長い尾と単純な四肢を持つ。

カエルの体はすべての現生両生類の原型となった体制からかけ離れている。高校の生物の授業でカエルを解剖したことがある人なら誰でも、その体制が非常にユニークなことを知っている（図11・3）。成体には尾がないが、孵化した幼生（オタマジャクシ）は尾を持っており、変態過程で体に吸収される。カエルの頭は短く、幅の広い丸い吻を持つため、食べ物を捕まえるときに口をぱかっと大きく開くことができる（たいていは長くネバネバした舌を使用して捕まえる）。非常に長く筋肉質な後肢のおかげで、獲物を捕まえたり捕食者から逃げたりするために大きく跳躍することが可能で、力強く泳ぐこともできる。骨格の胴体も短く、太くて短い小さなあばら骨と後肢の筋肉を支えるための非常に細長い寛骨《かんこつ》を持つ。カエルは呼吸のために肋骨を使えないので、膨らませることができる喉の袋を使って空気を出し入れする（さまざまな音を出すこともできる）。

また、体の大きさには途方もなく幅がある。パプアニューギニアの極小のカエルから、長さが三〇

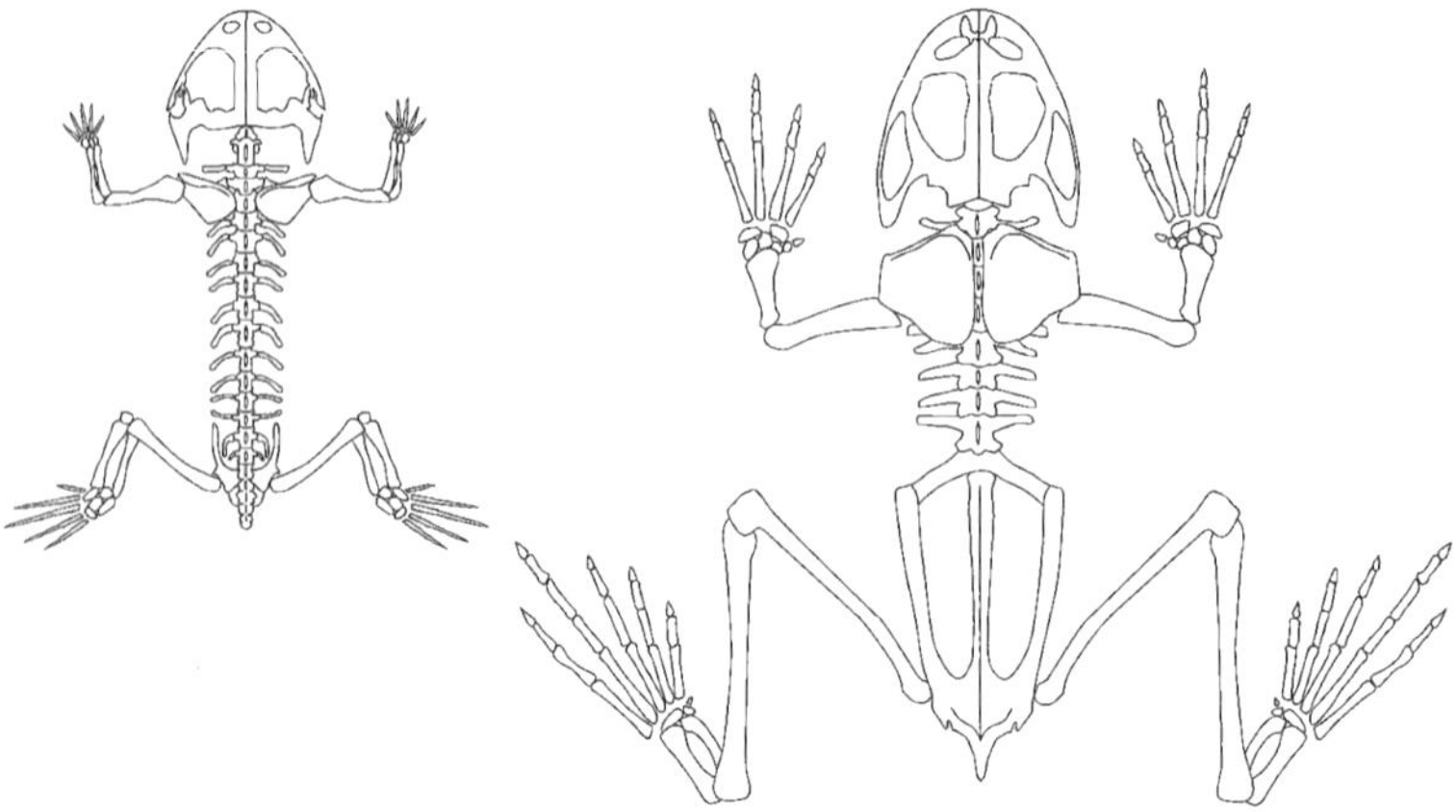

▲**図11.3**　トリアドバトラクス（左）と現生カエル（右）の骨格の比較
外見上、両者は似ているが、トリアドバトラクスはどの現生カエルよりもはるかに原始的で、多くの胴椎を持ち、腰の構造は細長くはなく、単純で小さい。跳躍できない小さな前肢と後肢、わずかに長い尾、はるかに原始的な頭骨を持っていた

センチメートル以上で体重が三キログラムもあるゴライアスガエルまでいるのだ。ゴライアスガエルはあまりにも大きいので、昆虫はもちろん鳥や小さな哺乳類も食べる。

ゴライアスガエルなどたいしたことがないとでもいうかのように、一九九三年には、マダガスカルの上部白亜系の岩石を調査していた科学者チームによって、さらに大きなカエルの化石が発見された。すべての破片（頭骨のほとんどを含む七五個の破片）を合わせるのに一五年が費やされ、二〇〇八年に記載された。

そのカエルはベールゼブフォ・アンピンガ（悪魔のヒキガエルの意）と命名された。ベールゼブフォという属名は、悪魔の別名のベルゼブブ（ハエの王）とヒキガエルの属名であるブフォを組み合わせたもので、種小名はマダガスカル語で「盾」を意味する。

このカエルは南アメリカのツノガエルとして知られるグループに属していた。かつてこの科はゴンドワナ大陸中（現在の南半球のほとんどを含む）に広がっていたのだ。最大の特徴はその大きさだ。ほぼ完全な骨格によれば、長さは四〇センチメートル、体重は四キログラムもあった――ゴライアスガエルよりも三割大きい。また、頭が非常に大きく、幅の広い口があるため、当時マダガスカルを歩きまわっていた恐竜の赤ちゃんまで捕食できたのではないかと推測されている。

テキサス北部の豊かな赤色層

これは現生両生類の大きさや多様性の範囲を示すほんの一例だ。では、化石の祖先はどうなのだろうか。フィッシビアン（第10章）に始まり、石炭紀（約三億五五〇〇万〜三億年前）とペルム紀（約三億〜二億五〇〇〇万年前）には両生類が大進化をとげ、爆発的に種類が増えた。ほとんどが絶滅した主要な三つのグループに属していたが、前期ペルム紀に爬虫類にその座を奪われるまで、かつての両生類は陸上でもっとも大きく優勢な動物だった。

前期ペルム紀の両生類と同時代の陸生動物の化石を採集するのに最適な場所はテキサス北部の赤色

層で、特にウィチタフォールズとシーモア付近の地域だ（州境を越えたオクラホマ州も）。このすばらしい化石産地は、古生物学の草分けのエドワード・ドリンカー・コープによって一八七七年に発見された。荷馬車を使ってたった一人か二人の地元の助手と作業をしているときに、文字通り骨の破片に覆いつくされた場所が見つかった。そこには頭骨や骨格も含まれていた。たった数日で荷馬車は化石でいっぱいになった。こうして、アメリカの古生物学者がこれらの豊富な産地で化石を採集し、研究のためにフィラデルフィアに持ち帰るという長い伝統が始まったのである。

初期の爬虫類や両生類の進化について発表したことがあるアメリカの古生物学者のほぼ全員がテキサスの赤色層で採集しており、そうした学者の中には、古生物学者なら誰でもよく知っているこの分野の泰斗が名を連ねている。サミュエル・ウェンデル・ウィリストン（一八九〇年代はカンザス大学、その後一九一八年に亡くなるまではシカゴ大学）、アルフレッド・S・ローマー（一九二〇年代はシカゴ大学、その後一九七〇年代までハーバード大学）、エヴェレット・〝オーレ〟・オルソン（シカゴ大学、後にUCLA）などだ。

赤色層の採集環境はピクニックのような楽なものではない。夏はカンカン照りで、風が吹き荒れ、食べ物から飲み物、道具、目などの敏感な部分まで、あらゆるものが赤い土埃にまみれてしまう。地下水はお茶のように熱く、嫌な味がして、ピンク色の泥やアルカリがたくさん含まれているので、飲みすぎると胆石になる。よい採集地が見つかったら、暑さを避けて土埃も吸いこまないように、採集者は地面を掘って身をひそめなければならない。

だが、それだけの価値は十分にある。赤色層からもっともよく見つかる動物は背中に帆を持つトラの大きさの捕食者ディィメトロドンだ。ディィメトロドンはプラスチック製の恐竜のおもちゃセットや子どもの恐竜の本でおなじみの動物だ（『8つの化石・進化の謎を解く』第8章）。しかし、恐竜ではなく、単弓《たんきゅう》類という哺乳類の祖となった系統の非常に古いメンバーである（単弓類は爬虫類ではないにもかかわらず、かつては哺乳類型爬虫類と呼ばれていた）。ほとんどの標本は二〜四メートルに達し、重さは最大で二七〇キログラムもあり、背中には帆を支えるために一・二メートルの高さの脊椎があった。ディィメトロドンは当時の最上位の捕食者で、草食のエダフォサウルスなどの背中に帆を持つ彼らよりも小型の単弓類や、トカゲの大きさのカプトリヌス（亀の類縁）などのさまざまな原始的な真正爬虫類を食べていた。

だが、テキサスの赤色層の住人である単弓類と爬虫類は物語のほんの一部にすぎない。前期ペルム紀にディメトロドンが地球を支配してはいたものの、両生類がサイズと多様性の絶頂期を迎えており、その多くが最上位の捕食者で、この過酷な風景の中で餌を奪い合っていた。

両生類が君臨していた時代

新古生代の三つの両生類のグループの中で、もっとも豊富で印象的なのは分椎類《ぶんつい》（かつての迷歯類）だ。多くが太ったワニに似ており、胴体と尾が長く、腹ばいの姿勢からたくましい四肢が出ている。しかし、ワニと違って、頭骨は平らで大きく、眼窩は上方を向いており、鋭い円錐形の歯が大きな吻にそって並んでいる。アルケゴサウルス類と呼ばれる特殊化した分椎類の頭には細長い吻があり、一見ワニの頭に似ている。

その一つのプリオノスクスはブラジルの中期ペルム紀（二億七〇〇〇万年前）のペドロドフォゴ累層から発見された。プリオノスクスはラグーンや河川に生息し、ワニに似た体を持つだけではなく、ガビアルのように魚や水生の獲物を捕まえるのに特化した非常に細長い吻を持っていた。一部で言われているように、もし本当に長さが九メートルもあったならプリオノスクスは史上最大の両生類で、さらに現生のワニ類よりも大きかったことになるが、体と尾の推定が長すぎるという指摘もあり、五メートルしかなかったという説もある。

最初期の分椎類は一メートルほどしかなかったが、ペルム紀にはそれまでの地球上で最大級の陸生動物になっていた。テキサスの前期ペルム紀の赤色層にもっともよく含まれている化石の一つエリオプスは大きな分椎類で、完全な骨格が数多く見つかっている（図11・4A）。二メートルを超える腹ばいになった体を持ち、尾と四肢は頑丈で、大きな個体の頭骨はなんと六〇センチメートルを優に超えていた。エリオプスは前期ペルム紀に生息していた陸生動物としては最大級で、水中と陸上の両方で獲物を狩る能力があった。また、エリオプスよりもわずかながら原始的なエドプスもテキサスの前期ペルム紀の赤色層から見つかっているが、さらに長い頭骨を持っており、そのためエリオプスよりもさらに大きかった。

後期ペルム紀には、おそらく当時陸上に生息していた数々の捕食性の大型単弓類との競争のため、大型の陸生分椎類は退却して完全に水生生活を送っていた。分椎類はペルム紀末（二億五〇〇〇万年前）に起こった地球史上最大の絶滅をなんとか生きのびた。三畳紀（約二億五〇〇〇万〜二億年前）まで生き残り、アリゾナ州のペトリファイド・フォレスト（化石の森）のような場所の沼地や湖でよく見られた。それら最後の分椎類の脚は、おそらく陸上では体を支えることができないくらいに弱く、平らな頭についている眼は上方を向いているだけで、巨大で平らな体は浅瀬での生活に適応し、水生の獲物を食べていた。

絶滅した両生類の二番目のグループは空椎類《くうつい》だ。空椎類は前期石炭紀から前期ペルム紀まで存在していたが、ヨーロッパと北アメリカにしか生息していなかった。ほとんどは同時代にすんでいた分椎類よりも小型で、長いサンショウウオのような体に小さな脚がついていることから、おもに水生種だったと考えられている。欠脚《けっきゃく》類などのいくつかの種は、完全に脚を失っており、水生のヘビに似ていた。また、細竜《さいりゅう》類はトカゲに似た体を持ち、深い切りこみの入った頭骨としっかりとした四肢を持っていた。空椎類の中でもっとも有名なのは奇妙な姿のディプロカウルスだ（図11・4B）。テキサスの前期ペルム紀の赤色層で発見された化石からよくわかっているように、空椎類の中では最大級で、長さは一メートルに及び、体はサンショウウオに似てがっしりしていた。体のほぼ全面が装甲板で覆われており、幅の広い強い顎を持っていた。

しかし、一番奇妙なのはその頭だった。ディプロカウルスの頭はブーメランのような形をしており、平らな頭骨の両脇から大きな平らな角がのびていて、眼窩は真上を向いている。この角の機能はいまだに議論の的になっている。一説では水中翼として使用していたとされ、ブーメランのような頭の形状から得られた揚力を使って、上下に運動しながら滑らかに泳ぐことが可能だったという。しかし、その体のつくりは比較的弱く、泳ぐための強い筋肉を支えるのに必要な頑丈な骨を持っていなかった。別の説では、その頭の形は、捕食者に最初に頭を食べられるのを防ぐためのものだったという。角があるために、前期ペルム期最大の捕食者であっても、幅が広すぎてその頭を飲みこむのは難しかっただろう。

また、眼が上方を向いていることから、待ち伏せ型の捕食者だったと見られ、小川や池の底で待ち伏せし、前方や上方に飛び出して、強い顎を使って獲物を捕まえ、もしかしたら角で一撃を加えて気

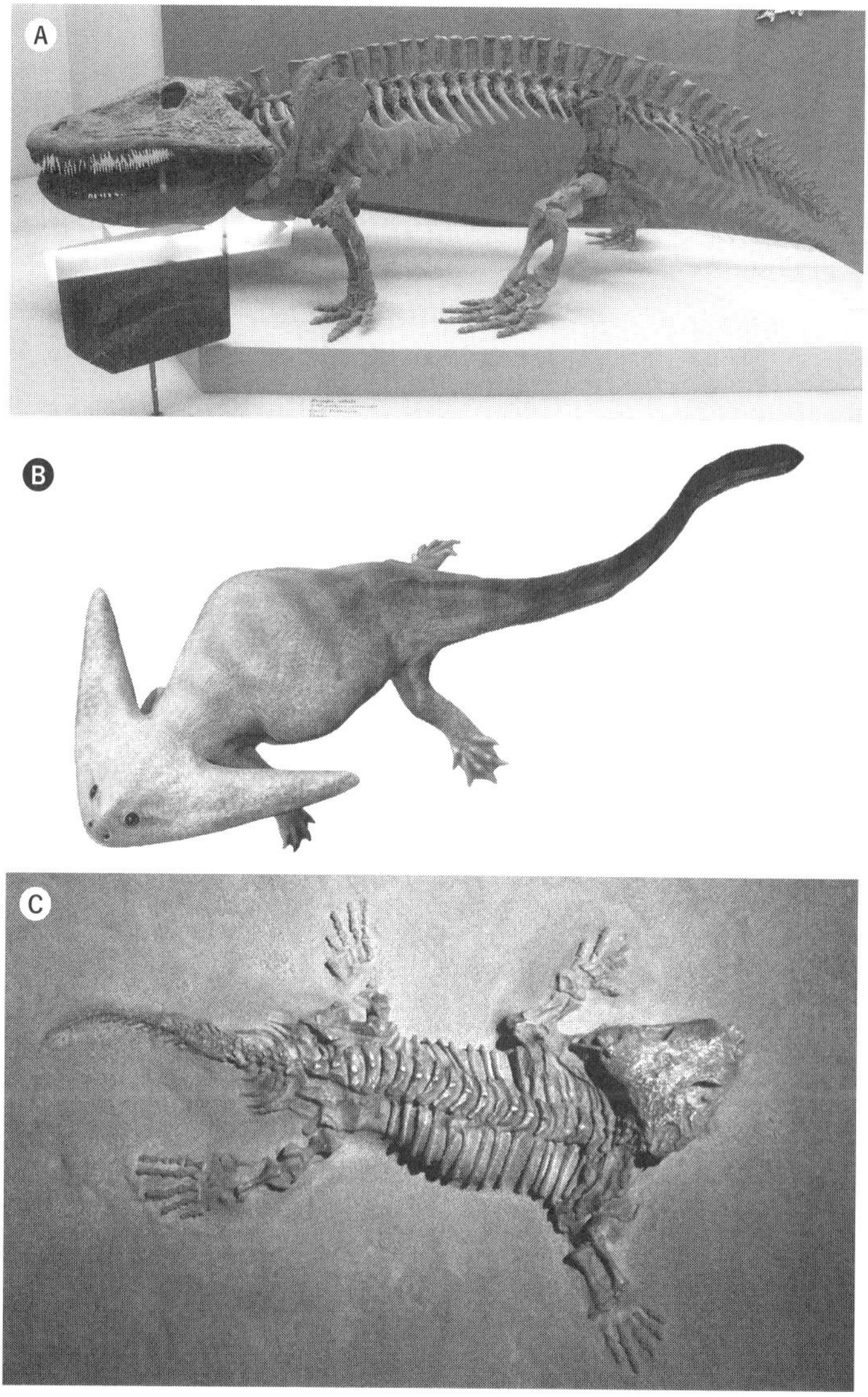

▲図 11.4　初期の両生類
A：分椎類のエリオプス
B：空椎類のディプロカウルスの復元
C：炭竜類のシームリア

絶させていたのかもしれない。しかし、もっとも可能性が高いのは、レイヨウやシカの角に相当するという仮説だ。レイヨウやシカの雄は角や枝角をおもにディスプレイに用い、交尾相手を見つけるときに力強さや優位性をアピールする。若い段階から角の成長が見られること、そして、雄はがっしりしていて、雌の角は小さかったようであることから、この説がもっとも有力である。

三番目の絶滅したグループの炭竜《たんりゅう》類は、爬虫類に続く系統に属す、さらに進化した両生類のすべてが含まれるがらくた箱のような雑多なグループだ（図11・4C）。テキサスの赤色層には炭竜類のすばらしい化石が多く含まれており、体の長さが三メートルのカバのサイズのディアデクテスという草食動物や、爬虫類に非常によく似たシームリア（この名前は赤色層の中心にあるテキサス州シーモアにちなむ）などが見つかっている。

フロッガマンダーを探して

テキサスの赤色層に押しよせた二十世紀の巨人たち（例えばローマーやオルソン）は今はもういないが、彼らの教え子たちがそこで重要な化石を採集しつづけている。もっとも抜きん出た継承者としては、モントリオールにあるレッドパス博物館のロバート・キャロル（ハーバード大学でローマーの教え子だった）、ロバート・ライズ（キャロルの一番弟子で、現在はトロント大学）、スミソニアン協会の今は亡きニコラス・ホットン（シカゴ大学でローマーとオルソンの教え子だった）や、故ピーター・ボーン（ローマーの教え子で、オルソンとともにＵＣＬＡで多くの古生物学者を指導した）がいる。現在の古生物学者はローマーとオルソンの学術的な孫にあたる世代で、彼らも多くの重要な発見をしてきた。

一九九四年にスミソニアン協会が行い、ホットンが率いたシーモア地域での調査では、「ドンのダンプフィッシュ・クオリィ」という愛称で呼ばれる産地で発掘作業が行われた。たくさんの化石魚類といくつかの両生類が発見されたが、すべての化石をクリーニングする時間も現地で詳しい研究をする時間もなかった。話によれば、ホットンはある化石（スミソニアンの学芸助手のピーター・クロラーが発見した）の重要性を認識しており、「カエルちゃん」と書かれた紙切れとともにポケットにしまっていたらしい。だが、ホットンはその化石を研究するチャンスも発表するチャンスもないまま一九九九年に亡くなってしまった。

五年後、若い科学者のグループがコレクションから研究されていない標本を回収し、膨大な時間をかけてクリーニングを完了させ、化石を完全に露出させた（ホットンが手に入れたときにはごく一部しか見えていなかった）。二〇〇八年に、ついにホットンの「カエルちゃん」が記載され発表された。発見されてから一四年後のことだった。論文の執筆者にはカルガリー大学のジェイソン・Ｓ・アンダーソン（キャロルとライズの両方の教え子）に加え、ロバート・ライズ、カリフォルニア州立大学ベーカーズフィールド校のスチュアート・スミダ（ボーンの教え子）、ベルリンにある自然史博物館（フンボルト博物館）のナディア・フロビシュ（キャロルの教え子）らが含まれていた。彼らはその化石をゲロバトラクス・ホットニ（ホットンの古代のカエルの意）と命名したが、この発見のニュースが広まるときにはメディアはそれを「フロッガマンダー」と呼んだ［訳注：フロッガマンダー（frogamander）はカエル（frog）とサンショウウオ（salamander）をかけた言葉］。

標本自体はほぼ完全な骨格で、長さはたった一一センチメートル、仰向けの状態で発見されたもので、腰のあたりの一部と尾と肩甲骨が失われていた（図11・5）。この化石を見てまず目につくのは、サンショウウオに似た体と、幅の広いカエルに似た吻の組み合わせである（そのためフロッガマンダーというニックネームがついた）。そのほかにも、カエルに特有の頭骨と骨格の構造的な特徴が多く見られる。とりわけ大きな鼓膜がそれだ。さらに重要なのは、歯が明瞭な基礎を持つ小さな台（歯足骨）で顎に結合している。これは現生の両生類とごくわずかな絶滅した両生類に特有の構造だ。

化石の中で、現生のグループには当てはまらず、ちょうど中間にあたるものは真の移行化石であり、時々（不適切に）「ミッシングリンク」と呼ばれる。ゲロバトラクスはカエルとサンショウウオを結ぶ完璧な移行化石だ。知られているなかで最古のサンショウウオはカラウルス・シャロビで、カザフスタンの後期ジュラ紀（約一億五〇〇〇万年前）の地層から発見された。一方、すでに見つかってい

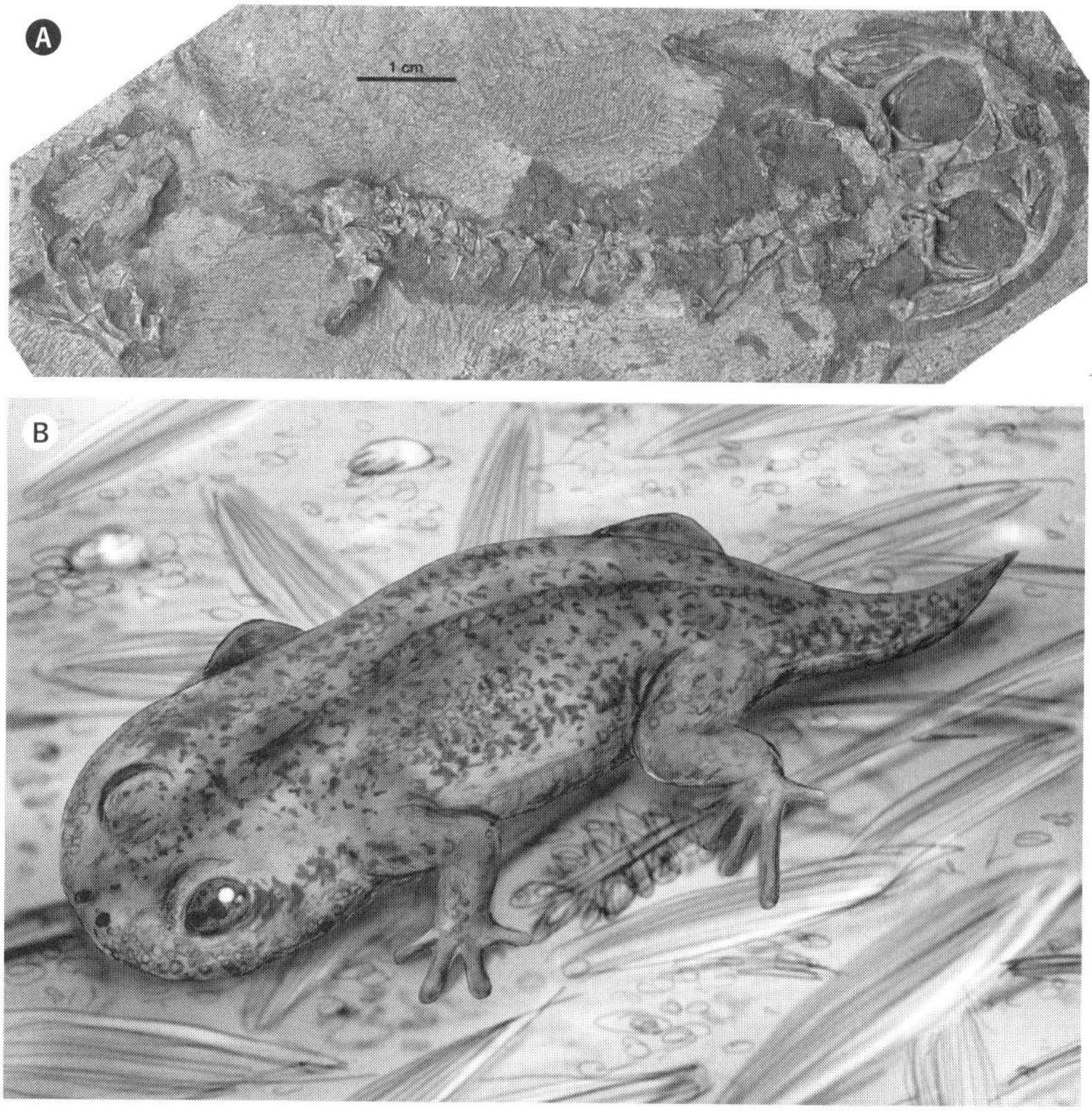

▲図 11.5　ゲロバトラクス・ホットニ
A：唯一の化石
B：生きている姿の復元

▲図 11.6　原始的な三畳紀のカエル、トリアドバトラクスの復元

る最古のカエルはトリアドバトラクス・マシノティで、マダガスカルの前期三畳紀（約二億四〇〇〇万年前）の地層から産出したものである（図11・6、図11・3参照）。トリアドバトラクスは現生のカエルに似ており、幅の広い吻と水かきのある長い脚を持っていたが、胴は長く、脊柱に一四の椎骨があるのだが、現生のカエルはすべて四〜九個の椎骨しかなく胴が短い。また、成体であっても短い尾が失われておらず、現生のカエルとは異なる。後肢はサンショウウオよりも大きいが、すべての現生のカエルが持つ筋肉質の大きな脚にはまったく及ばない。つまり、トリアドバトラクスは力強く泳ぐことができたが跳躍はできなかった。これらの特徴やそのほかの多くの特徴から、トリアドバトラクスは現生のカエルとフロッガマンダーであるゲロバトラクスなどのさらに原始的な種の間に位置する完全な移行化石だと言える。

ゲロバトラクスは二億九〇〇〇万年前のもので、カエルの系統とサンショウウオの系統のどちらのメンバーよりもはるかに古く、構造があまりにも原始的なので、カエルともサンショウウオとも呼ぶことができない。ゲロバトラクスはカエルとサンショウウオが別々の種として生まれたのではなく、共通の祖先から進化したという証拠である——そして、その共通祖先の一つがゲロバトラクスであった可能性があるのだ。

自分の目で確かめよう！

わたしの知るかぎりではフロッガマンダーを展示する博物館はない。だが、テキサス州で見つかったエリオプスやディプロカウルスを含むペルム紀の両生類の大型化石はニューヨークのアメリカ自然史博物館、デンバー自然科学博物館、シカゴにあるフィールド自然史博物館、マサチューセッツ州ケンブリッジにあるハーバード大学の比較動物学博物館、ワシントンD.C.にあるスミソニアン博物館群の一つの国立自然史博物館、そしてノーマンにあるオクラホマ州立大学のサム・ノーブル・オクラホマ自然史博物館で見ることができる。

あとがき

地球の生命史はきわめて複雑な物語だ。現在、地球上にはおよそ五〇〇〇万から一五〇〇〇万種が生息している。今までに生息していたすべての種の九九パーセント以上が絶滅したので、三五億年かそれよりも昔に生命が誕生して以来、地球には数億種かそれ以上いたことになる。

そのため、絶滅した数億種の代表として、化石をたった二五個*だけ選ぶのは簡単ではない。わたしは、進化の上で画期的な出来事を表す化石に重点をおくことにした。それらは、主要なグループがどうやってはじめに進化したのかという決定的な局面を表していたり、一つのグループから別のグループへの進化的な移行を明確に示していたりするものだ。それに加えて、生命というものは単に新しいグループの出現だけではない。驚くほど多様な体の大きさ、生態的地位や生息環境への適応が見られる。というわけで、最大の陸生動物から最大の陸生捕食者、絶滅した巨大な海の生物まで、生命が達成しうるもっとも極端な例をあげることにした。

当然のことながら、数個だけ選ぶには、多くの生物を泣く泣く除外しなければならず、何を含めて何を省くかひどく悩んだ。比較的完全でよくわかっている化石に重きをおいて、確実に解釈するのが難しい多くの断片的な標本を除外した。科学者ではない一般の読者のことを考え、おもに恐竜と脊椎動物を選んだ。そのため、古植物学者と微古生物学者の友人たちには、彼らの分野をそれぞれ一章ずつ簡単にしか扱わなかったことを謝らなければならない。

どうかこの選択の難しさを理解し、本書で語ることにした物語の生物を受け入れてほしい。それらの化石があなたの人生を明るく照らしますように。

＊――『11の化石・生命誕生を語る』『8つの化石・進化の謎を解く』『6つの化石・人類への道』三巻合わせた数

訳者あとがき

本書はアメリカの古生物学者ドナルド・R・プロセロ著“*The Story of Life in 25 Fossils: Tales of Intrepid Fossil Hunters and the Wonders of Evolution*”（二〇一五年、コロンビア大学出版）を三分冊したうちの第一巻です。原著は生物の多様性や進化上の画期的な出来事を表す化石、とりわけ移行をよく示す化石を二五個取り上げた長編なのですが、分量が多いため、日本語版を出版するにあたり、『11の化石・生命誕生を語る［古生代］』『8つの化石・進化の謎を解く［中生代］』『6つの化石・人類への道［新生代］』の三巻に分けました。

その第一巻である本書では、最初期の化石からカエルの起源まで、時代でいうと先カンブリア時代からペルム紀までを扱っています（ただし、史上最大の魚に関する第9章はおもに中新世であるため、第三巻の新生代編に入れるべきなのですが、進化の流れを追う際に第8章の脊椎動物の起源の後にくるのが自然なことから、時代は飛んでしまいますが、この巻に含まれています）。

著者のプロセロ博士はカリフォルニア工科大学やコロンビア大学などで古生物学と地質学を教えてきた経験があり、論文も数多く執筆しています。また、研究のみならず、ライターとしても活躍し、地質学の教科書や一般書を含め三五冊以上の著書があります。かなり前の話ですが、わたしがUCLA（カリフォルニア大学ロサンゼルス校）で受講した地球史のクラスでも、博士の教科書が使われていたのを覚えています。

全米地球科学教師協会から、地球科学に関する優れた著者や編集者に対して与えられるジェームス・シー賞を二〇一三年に受賞しただけあり、その文章は飾り気がなく、平易で、くどい言いまわしや脱線がなく、非常に読みやすいものです。

本書にはたくさんの古生物が登場しますが、図版が多いので、化石や古生物に詳しくない読者の方でも楽しく読み進めることができるのではないでしょうか。また、生命の歴史と同時に、研究の歴史にもふれられ、過去の生物に対して現在のわたしたちが持っている認識にたどり着くまでに、相当な努力、そして回り道があったことがよくわかります。

では、おおまかに本巻の流れを追ってみましょう。

第1章では先カンブリア時代のストロマトライトが取り上げられています。生命の歴史の約八五パーセントの期間、地球にはどのような景色が広がっていたのでしょうか。第2章はエディアカラ生物群です。単細胞生物から多細胞生物への飛躍を示す、動物の夜明けの生物たちとは、いったいどのようなものだったのでしょうか。第3章では殻を持つ最初の生物が取り上げられています。はたして、カンブリア爆発は本当にあったのでしょうか。第4章は三葉虫。地球で最初の殻を持つ大型動物です。第5章ではバージェス動物群から、節足動物の起源に迫ります。第6章では軟体動物の起源をさぐり、共通祖先から個別の門への進化を考えます。第7章では陸上植物の起源に迫ります。第8章は魚のような化石を使って、無脊椎動物から脊椎動物へのつながりを見ていきます。第9章は史上最大の魚です。第10章では両生類の起源に迫ります。水生から完全な陸生動物になるというゆるやかな変化は、どのくらい大変なものだったのでしょうか。第11章では、カエルとサンショウウオを結ぶ移行化石を取り上げます。

翻訳にあたり、著者とやりとりするなかで、地質年代が常に調整され、変化していることに改めて気づかされました。本書の年代が国際年代層序表とはやや異なる場合があるのもそのためです。それらの年代も後年には塗りかえられているかもしれません。

また、古生物の学名や体の構造の名称で、日本語になっていないものや訳語が見あたらないものに関してはカタカナで表記しました。索引に採用した古生物で、原著に学名表記のあるものは、調べ物などに活用していただけるように、学名も載せました。

さあ、一一の化石を追いながら、遠い過去の世界を旅しましょう。化石の初心者ならば見る目が変わり、愛好家はますます化石に魅せられることでしょう。

二〇一八年二月

江口あとか

【ワ行】

もっと詳しく知るための文献ガイド

●第１章

Grotzinger, John P., and Andrew H. Knoll. "Stromatolites in Precambrian Carbonates: Evolutionary Mileposts or Environmental Dipsticks?" *Annual Review of Earth and Planetary Sciences* 27 (1999): 313-358.

Knoll, Andrew H. *Life on a Young Planet: The First Three Billion Years of Evolution on Earth*. Princeton, N.J.: Princeton University Press, 2003.

Schopf, J. William. *Cradle of Life: The Discovery of Earth's Earliest Fossils*. Princeton, N.J.: Princeton University Press, 1999.

●第２章

Attenborough, David, with Matt Kaplan. *David Attenborough's First Life: A Journey Back in Time*. New York: HarperCollins, 2010.

Glaessner, Martin F. *The Dawn of Animal Life: A Biohistorical Study*. Cambridge: Cambridge University Press, 1984.

Knoll, Andrew H. *Life on a Young Planet: The First Three Billion Years of Evolution on Earth*. Princeton, N.J.: Princeton University Press, 2003.

McMenamin, Mark A. S. *The Garden of Ediacara*. New York: Columbia University Press, 1998.

Narbonne, Guy M. "The Ediacara Biota: A Terminal Neoproterozoic Experiment in the Evolution of Life." *GSA Today* 8 (1998): 1-6.

Schopf, J. William. *Cradle of Life: The Discovery of Earth's Earliest Fossils*. Princeton, N.J.: Princeton University Press, 1999.

Seilacher, Adolf. "Vendobionta and Psammocorallia: Lost Constructions of Precambrian Evolution." *Journal of the Geological Society, London* 149 (1992): 607-613.

——. "Vendozoa: Organismic Construction in the Proterozoic Biosphere." *Lethaia* 22 (1989): 229-239.

Valentine, James W. *On the Origin of Phyla*. Chicago: University of Chicago Press, 2004.

●第３章

Attenborough, David, with Matt Kaplan. *David Attenborough's First Life: A Journey Back in Time*. New York: HarperCollins, 2010.

Conway Morris, Simon. "The Cambrian 'Explosion': Slow-fuse or Megatonnage?" *Proceedings of the National Academy of Sciences* 97 (2000): 4426-4429.

——. *The Crucible of Creation: The Burgess Shale and the Rise of Animals*. Oxford: Oxford University Press, 1998.

Erwin, Douglas H., and James W. Valentine. *The Cambrian Explosion: The Construction of Animal Biodiversity*. Greenwood Village, Colo.: Roberts, 2013.

Foster, John H. *Cambrian Ocean World: Ancient Sea Life of North America*. Bloomington: Indiana University Press, 2014.

Grotzinger, John P., Samuel A. Bowring, Beverly Z. Saylor, and Alan J. Kaufman. "Biostratigraphic and Geochronologic Constraints on Early Animal Evolution." *Science*, October 27, 1995, 598-604.
Knoll, Andrew H. *Life on a Young Planet: The First Three Billion Years of Evolution on Earth*. Princeton, N.J.: Princeton University Press, 2003.
Knoll, Andrew H., and Sean B. Carroll. "Early Animal Evolution: Emerging Views from Comparative Biology and Geology." *Science*, June 25, 1999, 2129-2137.
Runnegar, Bruce. "Evolution of the Earliest Animals." In *Major Events in the History of Life*, edited by J. William Schopf, 65-93. Boston: Jones and Bartlett, 1992.
Schopf, J. William. *Cradle of Life: The Discovery of Earth's Earliest Fossils*. Princeton, N.J.: Princeton University Press, 1999.
Schopf, J. William, and Cornelis Klein, eds. *The Proterozoic Biosphere; A Multidisciplinary Study*. Cambridge: Cambridge University Press, 1992.
Valentine, James W. *On the Origin of Phyla*. Chicago: University of Chicago Press, 2004.

●第 4 章

Erwin, Douglas H., and James W. Valentine. *The Cambrian Explosion: The Construction of Animal Biodiversity*. Greenwood Village, Colo.: Roberts, 2013.
Fortey, Richard. *Trilobite: Eyewitness to Evolution*. New York: Vintage, 2001.
Foster, John H. *Cambrian Ocean World: Ancient Sea Life of North America*. Bloomington: Indiana University Press, 2014.
Lawrance, Pete, and Sinclair Stammers. *Trilobites of the World: An Atlas of 1000 Photographs*. New York: Siri Scientific Press, 2014.
Levi-Setti, Ricardo. *The Trilobite Book: A Visual Journey*. Chicago: University of Chicago Press, 2014.

●第 5 章

Conway Morris, Simon. *The Crucible of Creation: The Burgess Shale and the Rise of Animals*. Oxford: Oxford University Press, 1998.
Erwin, Douglas H., and James W. Valentine. *The Cambrian Explosion: The Construction of Animal Biodiversity*. Greenwood Village, Colo.: Roberts, 2013.
Foster, John H. *Cambrian Ocean World: Ancient Sea Life of North America*. Bloomington: Indiana University Press, 2014.
Gould, Stephen Jay. 1989. *Wonderful Life: The Burgess Shale and the Nature of History*. New York: Norton, 1989.

●第 6 章

Ghiselin, Michael T. "The Origin of Molluscs in the Light of Molecular Evidence." *Oxford Surveys in Evolutionary Biology* 5 (1988): 66-95.
Giribet, Gonzalo, Akiko Okusu, Annie R. Lindgren, Stephanie W. Huff, Michael Schrödl, and Michele K. Nishiguchi. "Evidence for a Clade Composed of Molluscs with Serially Repeated Structures: Monoplacophorans Are Related to Chitons." *Proceedings of the National Academy of Sciences* 103 (2006): 7723-7728.

Morton, John Edward. *Molluscs*. London: Hutchinson, 1965.

Passamaneck, Yale J., Christoffer Schander, and Kenneth M. Halanych. "Investigation of Molluscan Phylogeny Using Large-subunit and Small-subunit Nuclear rRNA Sequences." *Molecular Phylogenetics and Evolution* 32 (2004): 25-38.

Pojeta, John, Jr. "Molluscan Phylogeny." *Tulane Studies in Geology and Paleontology* 16 (1980): 55-80.

Runnegar, Bruce. "Early Evolution of the Mollusca: The Fossil Record." In *Origin and Evolutionary Radiation of the Mollusca*, edited by John D. Taylor, 77-87. Oxford: Oxford University Press, 1996.

Runnegar, Bruce, and Peter A. Jell. "Australian Middle Cambrian Molluscs and Their Bearing on Early Molluscan Evolution." *Alcheringa* 1 (1976): 109-138.

Runnegar, Bruce, and John Pojeta Jr. "Molluscan Phylogeny: The Paleontological Viewpoint." *Science*, October 25, 1974, 311-317.

Salvini-Plawen, Luitfried V. "Origin, Phylogeny, and Classification of the Phylum Mollusca." *Iberus* 9 (1991): 1-33.

Sigwart, Julia D., and Mark D. Sutton. "Deep Molluscan Phylogeny: Synthesis of Palaeontological and Neontological Data." *Proceedings of the Royal Society* B 247 (2007): 2413-2419.

Yonge, C. M., and T. E. Thompson. *Living Marine Molluscs*. London: Collins, 1976.

●第7章

Gensel, Patricia G., and Henry N. Andrews. "The Evolution of Early Land Plants." *American Scientist* 75 (1987): 468-477.

Gray, Jane, and Arthur J. Boucot. "Early Vascular Land Plants: Proof and Conjecture." *Lethaia* 10 (1977): 145-174.

Niklas, Karl J. *The Evolutionary Biology of Plants*. Chicago: University of Chicago Press, 1997.

Stewart, Wilson N., and Gar W. Rothwell. *Paleobotany and the Evolution of Plants*. 2nd ed. Cambridge: Cambridge University Press, 1993.

Taylor, Thomas N., and Edith L. Taylor. *The Biology and Evolution of Fossil Plants*. Englewood Cliffs, N.J.: Prentice-Hall, 1993.

●第8章

Forey, Peter, and Philippe Janvier. "Evolution of the Early Vertebrates." *American Scientist* 82 (1984): 554-565.

Gee, Henry *Before the Backbone: Views on the Origin of Vertebrates*. New York: Chapman & Hall, 1997.

Long, John A. *The Rise of Fishes: 500 Million Years of Evolution*. Baltimore: Johns Hopkins University Press, 2010.

Maisey, John G. *Discovering Fossil Fishes*. New York: Holt, 1996.

Moy-Thomas, J. A., and R. S. Miles. *Palaeozoic Fishes*. Philadelphia: Saunders, 1971.

Shu, D.-G., H.-L. Luo, S. Conway Morris, X.-L. Zhang, S.-X. Hu, L. Chen, J. Han, M. Zhu, Y. Li, and L.-Z. Chen. "Lower Cambrian Vertebrates from South China." *Nature*, November 4, 1999, 42-46.

●第 9 章

Compagno, Leonard, Mark Dando, and Sarah Fowler. *Sharks of the World*. Princeton, N.J.: Princeton University Press, 2005.

Ellis, Richard. *Big Fish*. New York: Abrams, 2009.

——. *The Book of Sharks*. New York: Knopf, 1989.

——. *Monsters of the Sea: The History, Natural History, and Mythology of the Oceans' Most Fantastic Creatures*. New York: Knopf, 1994.

Ellis, Richard, and John E. McCosker. *Great White Shark*. Stanford, Calif.: Stanford University Press, 1995.

Klimley, A. Peter, and David G. Ainley, eds. *Great White Sharks: The Biology of* Carcharodon carcharias. San Diego: Academic Press, 1998.

Long, John A. *The Rise of Fishes: 500 Million Years of Evolution*. Baltimore: Johns Hopkins University Press, 2010.

Maisey, John G. *Discovering Fossil Fishes*. New York: Holt, 1996.

Renz, Mark *Megalodon: Hunting the Hunter.* New York: Paleo Press, 2002.

●第 10 章

Clack, Jennifer A. *Gaining Ground: The Origin and Early Evolution of Tetrapods*. Bloomington: Indiana University Press, 2002.

Daeschler, Edward B., Neil H. Shubin, and Farish A. Jenkins Jr. "A Devonian Tetrapod-like Fish and the Evolution of the Tetrapod Body Plan." *Nature*, April 6, 2006, 757-773.

Long, John A. *The Rise of Fishes: 500 Million Years of Evolution*. Baltimore: Johns Hopkins University Press, 2010.

Maisey, John G. *Discovering Fossil Fishes*. New York: Holt, 1996.

Moy-Thomas, J. A., and R. S. Miles. *Palaeozoic Fishes*. Philadelphia: Saunders, 1971.

Shubin, Neil. *Your Inner Fish: A Journey into the 3.5-Billion-Year History of the Human Body*. New York: Vintage, 2008.

Shubin, Neil H., Edward B. Daeschler, and Farish A. Jenkins Jr. "The Pectoral Fin of *Tiktaalik roseae* and the Origin of the Tetrapod Limb." *Nature*, April 6, 2006, 764-771.

Zimmer, Carl. *At the Water's Edge: Macroevolution and the Transformation of Life*. New York: Free Press, 1998.

●第 11 章

Anderson, Jason S., Robert R. Reisz, Diane Scott, Nadia B. Fröbisch, and Stuart S. Sumida. "A Stem Batrachian from the Early Permian of Texas and the Origin of Frogs and Salamanders." *Nature*, May 22, 2008, 515-518.

Bolt, John R. "Dissorophid Relationships and Ontogeny, and the Origin of the Lissamphibia." *Journal of Paleontology* 51 (1977): 235-249.

Carroll, Robert. *The Rise of Amphibians: 365 Million Years of Evolution*. Baltimore: Johns Hopkins University Press, 2009.

Clack, Jennifer *A. Gaining Ground: The Origin and Early Evolution of Tetrapods*. Bloomington: Indiana University Press, 2002.

図版クレジット

図 1.1　Painting by Carl Buell; from Donald R. Prothero, *Evolution: What the Fossils Say and Why It Matters* [New York: Columbia University Press, 2007], fig. 7.1
図 1.2　Redrawn by E. Prothero
図 1.3　A：from John W. Dawson, *The Dawn of Life* [London: Hodder and Stoughton, 1875]; courtesy J. W. Schopf
図 1.4　Photograph courtesy Smithsonian Institution
図 1.5　Photograph by the author
図 1.6　Photograph courtesy R. N. Ginsburg
図 2.1　Courtesy Nobumichi Tamura
図 2.2　Photographs courtesy Smithsonian Institution
図 2.3　Courtesy Smithsonian Institution
図 3.1　Photograph by the author
図 3.2　Photographs courtesy S. Bengston
図 3.3　Drawing by Mary P.Williams, based on several sources
図 3.4　Redrawn from Donald R. Prothero and Robert H. Dott Jr., *Evolution of the Earth*, 7th ed.[Dubuque, Iowa: McGraw-Hill, 2004], fig., 9.14
図 4.1　Courtesy NobumichiTamura
図 4.2　Modified from several sources
図 4.3　Photograph courtesy Wikimedia Commons
図 4.4　From several sources
図 5.1　Photographs courtesy Smithsonian Institution
図 5.2　A・B：courtesy S. Conway Morris, Cambridge University、C：courtesy Nobumichi Tamura
図 5.3　Courtesy S. Conway Morris, Cambridge University
図 5.4　Drawing by Pat Linse, based on several sources
図 5.5　IMSI Master Photo Collection
図 6.1　Modified from Euan N. K. Clarkson, *Invertebrate Palaeontology and Evolution*, 4th ed. [Oxford: Blackwell, 1993]; from Donald R. Prothero, *Bringing Fossils to Life: An Introduction to Paleobiology*, 3rd ed.[New York: Columbia University Press, 2013], fig. 16.3
図 6.2　Courtesy Wikimedia Commons
図 6.3　Courtesy J. B. Burch, University of Michigan
図 7.1　From Donald R. Prothero and Robert H. Dott Jr., *Evolution of the Earth*, 6th ed. [New York: McGraw-Hill, 2001]
図 7.2　Photograph courtesy Jane Gray
図 7.3　A・B：courtesy Hans Steuer、C：courtesy Nobumici Tamura
図 7.4　Courtesy Bruce Tiffney
図 7.5　Courtesy Bruce Tiffney
図 8.1　Courtesy Wikimedia Commons
図8.2　Plate from Hugh Miller, *The Old Red Sandstone, or, New Walks in an Old Field* [Edinburgh: Johnstone, 1841]
図8.3　Plate from Hugh Miller, *The Old Red Sandstone, or, New Walks in an Old Field* [Edinburgh: Johnstone, 1841]
図 8.4　Drawing by Carl Buell; from Donald R. Prothero, *Evolution: What the Fossils Say and Why It Matters* [New York: Columbia University Press, 2007], fig. 9.8

図 8.6　Courtesy U.S. Geological Survey

図 8.9　Drawing by Carl Buell, based on D.-G. Shu et al., "Lower Cambrian Vertebrates from South China," *Nature*, November 4, 1999; by permission of the Nature Publishing Group

図 9.2　Photograph courtesy Dr. Stephen Godfrey, Calvert Marine Museum, Solomons, Maryland

図 9.3　Image no. 336000, courtesy American Museum of Natural History Library

図 10.2　Drawing courtesy M. Coates, based on research by M. Coates and J. Clack

【ナ行】

【ハ行】

【タ行】

【サ行】

【カ行】

索引

著者紹介

ドナルド・R・プロセロ（Donald R. Prothero）

1954年、アメリカ、カリフォルニア州生まれ。

約40年にわたり、カリフォルニア工科大学、コロンビア大学、オクシデンタル大学、ヴァッサー大学、ノックス大学などで古生物学と地質学を教えてきた。

カリフォルニア州立工科大学ポモナ校地質学部非常勤教授、マウントサンアントニオカレッジ天文学・地球科学部非常勤教授、ロサンゼルス自然史博物館古脊椎動物学研究部の研究員を務める。

『化石を生き返らせる——古生物学入門（*Bringing Fossils to Life: An Introduction to Paleobiology*）』や、ベストセラーとなった『進化——化石は何を語っているのか、なぜそれが重要なのか（*Evolution: What the Fossils Say and Why It Matters*）』など、35冊以上の著書がある。

また、これまでに300を超える科学論文を発表してきた。

1991年には、40歳以下の傑出した古生物学者に与えられるチャールズ・シュチャート賞を受賞。

2013年には、地球科学に関する優れた著者や編集者に対して全米地球科学教師協会から与えられるジェームス・シー賞を受賞。

訳者紹介

江口あとか（えぐち・あとか）

翻訳家。

カリフォルニア大学ロサンゼルス校地球宇宙科学部地質学科卒業。

訳書に、リチャード・ノートン著『隕石コレクター——鉱物学、岩石学、天文学が解き明かす「宇宙からの石」』（築地書館、2007年）、ヤン・ザラシーヴィッチ著『小石、地球の来歴を語る』（みすず書房、2012年）、デイビッド・ホワイトハウス著『地底——地球深部探求の歴史』（築地書館、2016年）がある。

化石が語る生命の歴史
11の化石・生命誕生を語る［古生代］

2018年5月10日　初版発行

著者　ドナルド・R・プロセロ
訳者　江口あとか
発行者　土井二郎
発行所　築地書館株式会社
〒104-0045 東京都中央区築地7-4-4-201
TEL.03-3542-3731　FAX.03-3541-5799
http://www.tsukiji-shokan.co.jp/
振替00110-5-19057
印刷・製本　シナノ印刷株式会社
装丁　秋山香代子

　ISBN978-4-8067-1556-6